Maschinenbau und graphische Darstellung

Einführung in die Graphostatik und Diagrammentwicklung

von

Dipl.-Ing. W. Leuckert und Dipl.-Ing. H. W. Hiller

Assistent an der Techn. Hochschule zu Berlin

Stadtbaumeister

Zweite, verbesserte und vermehrte Auflage

Mit 72 Textabbildungen und 2 Tafeln

Springer-Verlag Berlin Heidelberg GmbH

1922

Additional material to this book can be downloaded from http://extras.springer.com.

ISBN 978-3-662-23319-1 ISBN 978-3-662-25359-5 (eBook)
DOI 10.1007/978-3-662-25359-5

Vorwort zur ersten Auflage.

Unter den mannigfachen Schwierigkeiten der Studierenden an technischen Hochschulen und höheren Maschinenbauschulen macht sich besonders das Fehlen einer in sich abgeschlossenen Darstellung und Entwicklung der Vorgänge und Kräfteverhältnisse am Kurbeltrieb mit besonderer Berücksichtigung graphischer Methoden bemerkbar. Diese Erfahrung bewog uns zur Ausarbeitung des schon angekündigten vorliegenden Bändchens „Maschinenbau und graphische Darstellung". Die Anknüpfungspunkte, die zwischen Graphostatik und der Diagrammentwicklung vorhanden sind, ließen die Wiedergabe eines kurzen Abrisses aus der Graphostatik als ersten Teil angebracht erscheinen, der so ausgestaltet wurde, daß sich der Studierende jederzeit die notwendigsten Gesichtspunkte und Handgriffe zur Lösung der für ihn in Betracht kommenden Aufgaben auf schnelle und übersichtliche Weise vergegenwärtigen kann. Der zweite Teil zeigt die graphische Darstellungsmethode als einfachste und übersichtlichste Lösung der ziemlich verwickelten Kräftevorgänge am Kurbeltrieb und der daraus herzuleitenden Folgerungen und Nutzanwendungen.

Wie schon in dem Bändchen „Keil, Schraube, Niet"*) sind die theoretischen Erörterungen an zahlreichen, der Praxis entnommenen, vollkommen durchgeführten Beispielen erläutert. Wir hoffen mithin, auch mit diesem kleinen Werke, die Schaffensfreude der Studierenden an technischen Hochschulen und höheren Maschinenbauschulen anzuregen und zu unterstützen.

Am Ende des ersten Abschnittes unserer Arbeit wollen wir nicht verfehlen, Herrn Geh. Regierungsrat Prof. Dr.-Ing. e. h. E. Reichel für verschiedene Anregungen aus dem Gebiete seines Lehrstuhles unsern Dank auszusprechen. Herrn Verlagsbuchhändler Seydel gebührt das Verdienst, unser Werk durch verständnisvolles Entgegenkommen, sorgfältigste Vorbereitung und Ausstattung gefördert zu haben, wofür wir ihm hierdurch unsern Dank abstatten.

Berlin-Wilmersdorf, im April 1919.

Dipl.-Ing. **Walter Leuckert.**
Dipl.-Ing. **H. W. Hiller.**

---

*) S. 3. Umschlagseite dieses Buches.

Vorwort zur zweiten Auflage.

Von schwerster Krankheit kaum genesen und noch größter Schonung bedürftig, begann Herr Verlagsbuchhändler Seydel mit uns die Verhandlungen und Besprechungen zu der nunmehr vorliegenden zweiten Auflage unseres Werkes „Maschinenbau und graphische Darstellung". Leider ist es diesem rührigen, anpassungsfähigen, prächtigen „alten Herrn" nicht mehr vergönnt gewesen, die Vollendung des begonnenen Werkes zu erleben.

Zwischen dem Verstorbenen und den Unterzeichneten bestand durch mehrere Jahre hindurch ein festes Band verständnisvoller und feiner Zusammenarbeit und des Vertrauens. Unsern verschiedensten Wünschen und Absichten ist Herr Verlagsbuchhändler Seydel stets mit großem Verständnis gerecht geworden und er hat keine Mühe und Arbeit gescheut, wenn es galt, das Beste zu leisten und unter schwierigen Verhältnissen Neuerungen und Verbesserungen zu treffen. Wir werden dem Verstorbenen daher stets ein ehrendes Andenken bewahren und uns gern und dankbar an die gemeinsame Arbeit erinnern.

— — — — — — — — — — — — — — — — — —

In der vorliegenden zweiten Auflage sind auf Grund der im Unterricht gemachten Erfahrungen erhebliche Erweiterungen textlicher und bildlicher Art vorgenommen worden, weil sie zum besseren und tieferen Verständnis des Themas dienen. So wurden z. B. die Kapitel über die Fachwerke mit mehr als $(2k-3)$ Stäben, über die Kolbenbeschleunigung und die Lage und Entwicklung der Beschleunigungskurve gänzlich umgearbeitet und erweitert.

Das Lebenswerk des Verstorbenen ist nun in die Hände der Verlagsbuchhandlung Julius Springer übergegangen und mit ihm unser vorliegendes Werk. Wir hoffen und wünschen, daß ihm auch im neuen Verlage ein gleicher Erfolg beschieden sein wird und danken der Verlagsbuchhandlung für ihre ersten Bemühungen in dieser Richtung und die uns dabei zuteil gewordene Unterstützung.

Berlin-Wilmersdorf, im April 1922.

Dipl.-Ing. **Walter Leuckert.**
Dipl.-Ing. **H. W. Hiller,**
Stadtbaumeister.

Inhaltsverzeichnis.

I. Graphostatik.

II. Diagramme.

I. Graphostatik.

A. Zusammensetzung und Zerlegung der Kräfte.

1. Kräfte in einer Aktionslinie.

Allgemein teilt man die Kräfte in Bewegung hervorrufende und in Widerstände ein, deren Ursprung ganz verschieden sein kann. Die Anziehungskraft der Erde oder die Expansionskraft von Gasen oder Dämpfen gehören zu den ersteren, Reibung und Materialfestigkeit zu den letzteren. Bei Bauwerken spricht man von äußeren Kräften, unter denen man die Belastungen wie Eigengewicht und Auflagerdrücke versteht, und inneren Kräften, den Materialspannungen, die durch die Belastungen, auch neutrale Kräfte genannt, hervorgerufen werden. Die Maßeinheit für die Größe einer Kraft ist das Kilogramm.

Zur eindeutigen Bestimmung einer Kraft ist die Kenntnis des Angriffspunktes sowie ihrer Größe und Richtung Vorbedingung. Als Angriffspunkt der Kraft wird der Punkt bezeichnet, an dem ihre Einwirkung einsetzt. Die Aktions- oder Mittellinie ist die durch den Angriffspunkt gehende Gerade, die mit der Kraftrichtung zusammenfällt. In dieser Geraden sind zwei Kraftrichtungen möglich, zu deren Unterscheidung man zeichnerisch Pfeile anbringt, und die man rechnerisch durch entgegengesetzte Vorzeichen darstellt (Abb. 1). Soll nun die Kraft P der Kraft P_1 das Gleichgewicht halten, so muß $P - P_1 = 0$ sein, d. h. P muß ebenso groß wie P_1 sein, aber von entgegengesetzter Kraftrichtung. Die Kraftgröße in Kilogramm wird als Strecke in Zentimeter aufgetragen; daraus ergibt sich die Notwendigkeit eines Kräftemaßstabes. Es sei z. B. eine Kraft von 50 kg als Strecke darzustellen; wählt man als Maßstab 1 kg = 1 mm, so muß die Strecke, die dieser Kraft entspricht, 50 mm lang sein. Umgekehrt deutet eine Länge der

Abb. 1.

Strecke von 60 mm bei einem Maßstab von 3 mm = 10 kg auf eine Kraftgröße von P = 200 kg. Die Lage einer Kraft ist mithin durch ihre Aktionslinie, ihre Richtung durch den Pfeil auf dieser und ihre Größe durch die Begrenzung auf der Aktionslinie gegeben.

2. Das Parallelogramm der Kräfte.

Hängt man ein Gewicht von 5 kg mit einer Öse an einem Haken auf, so wird auf diesen eine Zugkraft von 5 kg ausgeübt. Diese Zugkraft ändert sich auch dann nicht, wenn man zur Aufhängung einen 1 m langen Bindfaden, von dessen geringem Eigengewicht abgesehen werden kann, benutzt. Der Unterschied liegt allein in der Lage des Angriffspunktes. In ersterem Falle greift das Gewicht direkt am Haken an, im zweiten Falle durch Vermittlung des Bindfadens, durch den der Angriffspunkt um 1 m tiefer gelegt wird. Aus diesem Beispiele folgt, daß man den Angriffspunkt auf der Aktionslinie verschieben kann. Wirken nun mehrere Kräfte, die in einer Aktionslinie liegen, auf einen Punkt, so kann man sie durch eine einzige, die Resultierende aller R, d. h. durch die algebraische Summe der Kräfte, ersetzen. Rechnerisch bezeichnet man nach rechts wirkende Kräfte mit

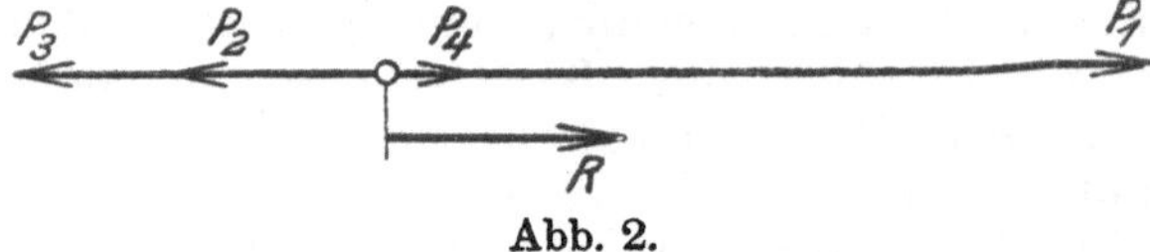

Abb. 2.

positivem Vorzeichen, nach links wirkende mit negativem. In einer Aktionslinie wirken z. B. die Kräfte $P_1 = +500$ kg, $P_2 = -150$ kg, $P_3 = -250$ kg und $P_4 = +50$ kg; daraus ergibt sich als Resultierende $R = P_1 + P_2 + P_3 + P_4 = +500 - 150 - 250 + 50$ kg oder graphisch dargestellt bei einem Maßstabe von 10 mm = 100 kg eine Strecke von 15 mm mit nach rechts zeigendem Pfeile (Abb. 2).

Zwei Kräfte P_1 und P_2, die nicht in einer Aktionslinie liegen, sondern unter einem bestimmten Winkel zueinander auf einen Punkt A wirken, lassen sich ebenfalls zu einer Resultierenden zusammenfassen. Denkt man sich eine masselose Kugel auf einem Draht AC geführt unter der Einwirkung der Kräfte P_1 und P_2, so bewegt sie sich auf dem Draht unter ihren Einflüssen vorwärts (Abb. 3), z. B. bis zum Punkte C; dasselbe würde erreicht werden, wenn auf die Kugel nur eine Kraft R in Richtung auf C einwirkte. Ohne die Drahtführung würde die Kugel vielleicht erst dem Einflusse der Kraft P_1 folgend den Punkt B erreichen und darauf unter Einwirkung von P_2 nach C gelangen. Daraus ergibt sich die zeichnerische Lösung mit Hilfe des Parallelogrammes, des sogenannten Parallelogrammes der Kräfte, das auf Wege und Geschwindigkeiten sinngemäß angewendet werden kann. Es ermöglicht die Bestimmung der Resultierenden aus zwei gegebenen Kräften oder die Zerlegung einer Kraft, der Resultierenden, in zwei Komponenten nach Größe und Richtung.

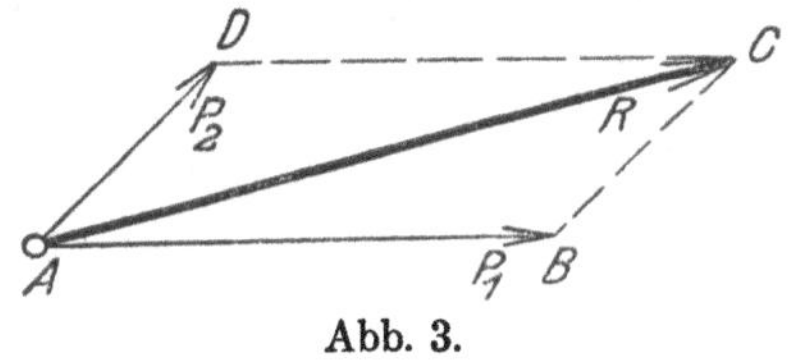

Abb. 3.

3. Kräftebüschel und Gleichgewicht.

An einem Körper mögen in den Punkten P_1, P_2 und P_3 drei Kräfte K_1, K_2 und K_3 angreifen (Abb. 4). Jede Kraft werde nach dem Parallelogramm der Kräfte in ihre Horizontal- und Vertikalkomponente zerlegt, so daß ein System von drei Paar Kräften entsteht. Ist nach Abschnitt A, 2 die Resultierende H der horizontalen Kräfte gleich null, so kann eine seitliche Verschiebung nicht entstehen; eine Bewegung in vertikaler Richtung ist aus demselben Grunde unmöglich, wenn die Resultierende aller Vertikalen V gleich null ist, also Gleichgewichtszustand herrscht. Trotzdem kann eine Bewegung des Körpers, und zwar eine drehende, nach dem Satz vom statischen Moment ausgelöst werden. Bei Gleichgewichtszustand müssen die drei Gleichgewichtsbedingungen erfüllt sein.

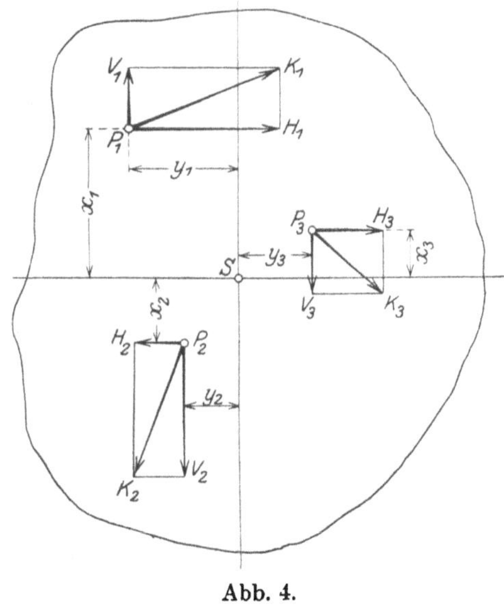

Abb. 4.

Gehen nun die Aktionslinien der Kräfte alle durch einen Punkt, so kann man die Angriffspunkte derselben in einen Punkt verlegen und danach erst die Zerlegung vornehmen. Dieser gemeinsame Angriffspunkt O, als Drehpunkt gewählt, macht die Hebelarme der Kräfte gleich null, die Drehwirkung bleibt also aus. Für ein derartiges Kräftebüschel (Abb. 5) genügen daher die beiden ersten Gleichgewichtsbedingungen. In einem Kräftebüschel herrscht infolgedessen nur dann Gleichgewicht, wenn die Aktionslinien sich in einem Punkte schneiden und jede Kraft gleich, aber entgegengesetzt der Resultierenden je zweier anderen ist (Abb. 6).

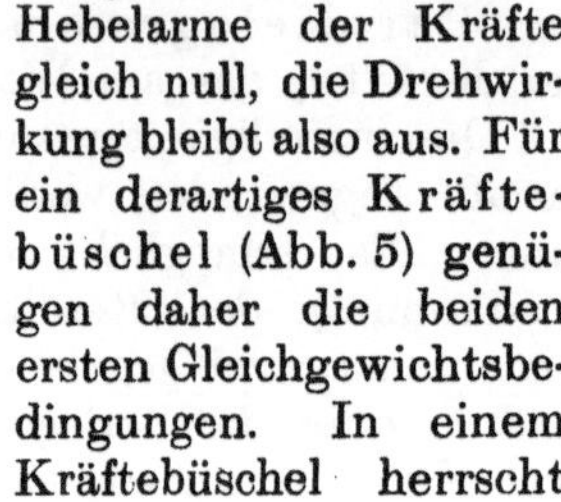

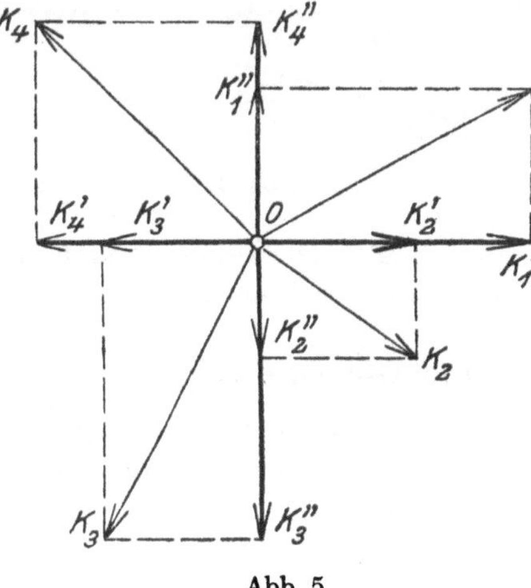

Abb. 5.

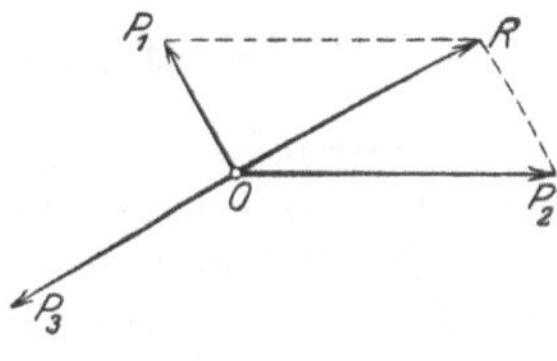

Abb. 6.

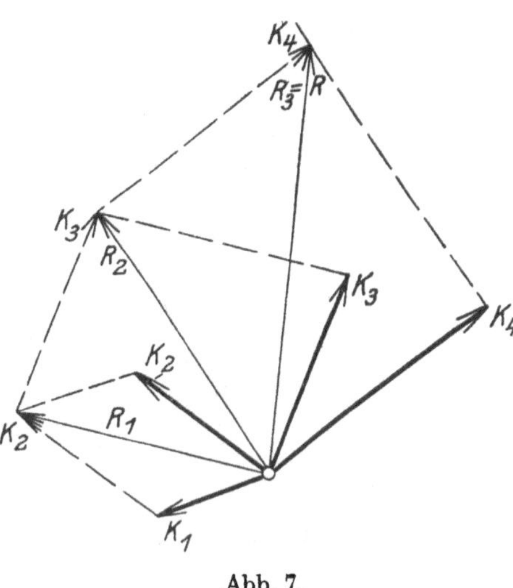

Abb. 7.

4. Das Kräftepolygon.

Damit entsteht die weitere Frage, wie man die Resultierende eines solchen Kräftebüschels bestimmt. Man kann nach dem vorher Gesagten ohne weiteres je zwei Kräfte K_1 und K_2 zur Resultierenden R_1 zusammensetzen, darauf R_1 und K_3 zu R_2 usw., bis sich die Endresultierende aller R ergibt.

Aus Abb. 7 ist ersichtlich, wie man diese weitschweifige und umständliche Konstruktion wesentlich vereinfachen kann. Die Schlußseite $R_3 = R$ des Polygons gibt nämlich die Gesamtresultierende der Kräfte K_1, K_2, K_3 und K_4 an, die durch Aneinanderreihung der nach Größe und Richtung gegebenen Kräfte entstanden ist; dabei ist auf den Umfahrungssinn zu achten, d. h. die Richtungspfeile müssen, vom Anfangspunkt ausgehend, in gleichem Sinn den Weg über die Kräfte zum Anfangspunkt hinweisen, während die Resultierende R die entgegengesetzte Pfeilrichtung anzuzeigen hat. Die Schlußseite des sogenannten Kräftepolygons gibt also die Kraft an, die den Kräften des Büschels das Gleichgewicht hält. Daraus folgt weiter, daß ein Kräftbüschel sich im Gleichgewicht befindet, wenn das Kräftepolygon in sich geschlossen ist und die Resultierende null ist, d. h. es vereinigt die erste und zweite Gleichgewichtsbedingung in sich.

B. Das Fachwerk.

1. Definition und Einteilung der Fachwerke.

Die wichtigste Aufgabe, die mit Hilfe des Kräftepolygons leicht und übersichtlich zu lösen ist, ist die Bestimmung der inneren Kräfte oder Materialspannungen in einem Fachwerk. Ein Fachwerk dient zur Aufnahme von Lasten und besteht aus einer Anzahl von geraden Stäben, die nur Zug- oder Druckspannungen ausgesetzt sein sollen. Man unterscheidet die ebenen

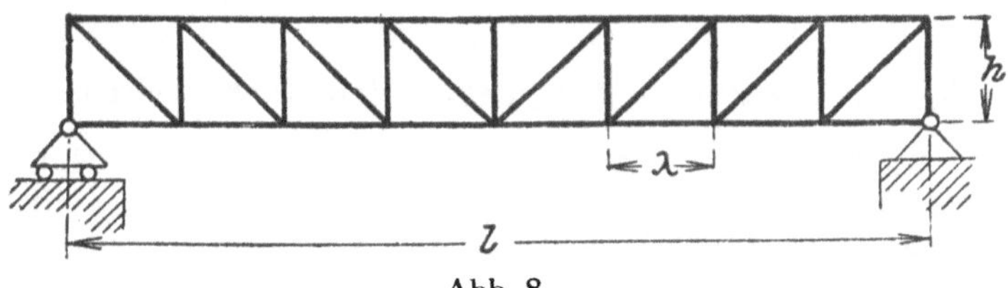

Abb. 8.

Fachwerke, bei denen die Mittellinien aller Stäbe und die Aktionslinien der äußeren Kräfte alle in einer Ebene liegen, von den räumlichen Fachwerken, die dieser Bedingung nicht genügen. Die Raumfachwerke lassen sich jedoch häufig auf Gruppen ebener Fachwerke zurückführen und können dann nach dem Muster dieser behandelt werden. Nach den Hauptgruppen der Fachwerke bezeichnet man sie auch genauer als Träger und Binder.

Das Fachwerk besteht aus den Ober- und Untergurten, die geradlinig oder polygonal sein können. Abb. 8 zeigt einen Parallelträger mit geradlinigen Ober- und Untergurten, Abb. 9 einen Bogensehnenträger mit geradlinigem Untergurt und polygonalem Obergurt; zwischen den Gurtungen liegen die Füllungs- oder Wandglieder, von denen die Zugstäbe auch als Bänder, die Druckstäbe als Streben bezeichnet werden. Rein äußer-

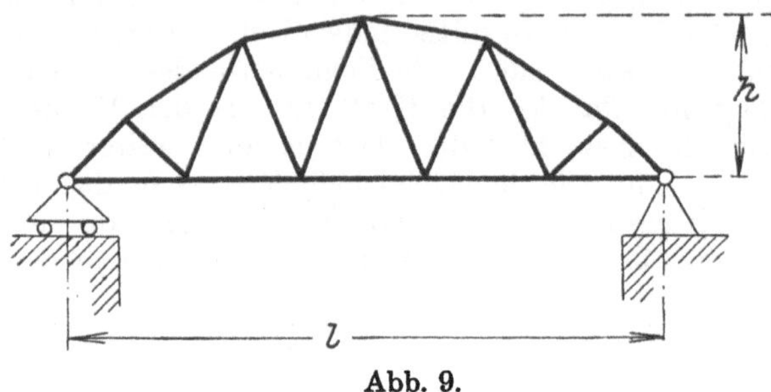

Abb. 9.

lich unterscheidet man die Ständer oder Pfosten (vertikale Füllungsglieder) von den Diagonalen oder Streben (schräge Füllungsglieder). Die Füllungsglieder eines Fachwerkes können aus Ständern und Streben oder nur aus Streben bestehen; aus diesem Grunde teilt man auch die Fachwerke in Ständerfachwerke (Abb. 8) und in Strebenfachwerke (Abb. 9) ein. Seine Hauptanwendung findet das Fachwerk als Dachbinder und als Brückenträger.

2. Ausführungsbedingungen des Fachwerkes.

Die Ausführung eines Fachwerkes knüpft sich an zwei Hauptbedingungen. Wie schon erwähnt, dürfen 1. alle Stäbe desselben nur Zug- oder Druckspannungen, also keinen Biegungsbeanspruchungen ausgesetzt sein. Daraus folgt die Forderung, daß sich die Mittellinien zusammenlaufender Stäbe sowie die Aktionslinien äußerer Kräfte in einem Punkte, dem Knotenpunkt, schneiden müssen; denn ist dies nicht der Fall, so wirkt eine der Kräfte an einem Hebelarm, es tritt also ein statisches Moment und damit Biegungsbeanspruchung auf. Die Mittellinien aller Stäbe müssen gleichfalls in der Mittelebene des Trägers liegen; einseitige Vernietung der Streben mit den Knotenblechen ist daher wegen der Gefahr der Biegungsanstrengungen tunlichst zu vermeiden. Eine weitere Bedingung für das Ausschalten der Biegung ist die Verbindung der Stäbe durch scharnierartige, reibungsfreie Gelenke; denn nur durch diese kann erreicht werden, daß die Stäbe trotz elastischer Formänderungen unter der Belastung geradlinig bleiben, also nur Zug oder Druck ausgesetzt sind. In der Praxis ist diese Bedingung allerdings schwer erfüllbar, wenn aus konstruktiven Rücksichten statt der Gelenke Laschenverbindungen gewählt werden müssen.

Schließlich sollen alle äußeren Kräfte nur in den Knotenpunkten angreifen. Infolge des Eigengewichtes aber erleiden die Stäbe Durchbiegungen; diesen wird bei großer horizontaler Länge durch Unterstützung des Balkens in der Mitte entgegengewirkt, die Entfernung der Stützpunkte und somit der Biegungslänge verringert, so daß die Biegung in dem nun geschaffenen Zustande praktisch vernachlässigt werden kann. Die Feldteilung λ ist daher nicht zu groß zu machen (Abb. 8).

Alle Materialien verändern bei Temperaturschwankungen ihre Länge; denn allgemein, jedoch mit Annäherung, rechnet sich die Verlängerung bzw. auch Verkürzung eines Stabes:

$$l_1 = l_0 \cdot (1 + \alpha \cdot t), \qquad \text{(Gl. 1)}$$

worin l_1 die neue Länge, l_0 die Länge bei 0° C, α den linearen Ausdehnungskoeffizienten und t den Temperaturunterschied $t_1 - t_2$ bedeutet. Werte für α sind in allen Taschenbüchern angegeben. Diese Längenänderung tritt auch bei den Fachwerken auf und verursacht Spannungen im ganzen System und zusätzliche Materialspannungen in den einzelnen Stäben. Als Beispiel für die Verlängerung eines Trägers sei die Spannweite zwischen den Auflagern $l_0 = 22$ m und der Temperaturunterschied 60° C angenommen; dann ist nach obiger Gleichung 1:

$$l_1 = l_0 \cdot (1 + \alpha \cdot t) = 22 \cdot (1 + 0{,}011 \cdot 60)$$
$$l_1 = 22{,}0145 \text{ m},$$

d. h. bei den angegebenen Verhältnissen verlängert sich der Träger um 14,5 mm. Um diesen Formänderungen Rechnung zu tragen, führt man nur das eine Auflager des Trägers als festes aus, während das andere als Gleit- oder Rollenlager ausgebildet wird. Bei einer Verlängerung des Trägers infolge Erwärmung in seiner Längsrichtung gibt das Gleit- oder Rollenlager um ein entsprechendes Maß nach, wodurch das Auftreten eines Widerstandes und daraus folgend neuer Spannungen in den Stäben hintängehalten wird. Mit Ausnahme des Dreigelenkträgers (Abb. 10), bei dem der Längenausgleich durch die Teilung des Trägers in der Mitte M ermöglicht wird, wird die Berechnung der Stabkräfte in einem Träger bei *Anwendung zweier fester Auflager zu einer statisch unbestimmten Aufgabe*, deren Lösung zwar unter besonderen Annahmen möglich, aber sehr verwickelt ist, da hier die einwandfreie Beherrschung der inneren Kraft- und Spannungsverhältnisse ausgeschlossen ist.

Als *zweite* Hauptbedingung für das Fachwerk wird gefordert, daß es ein starres Gebilde sein soll. Diese wird, von

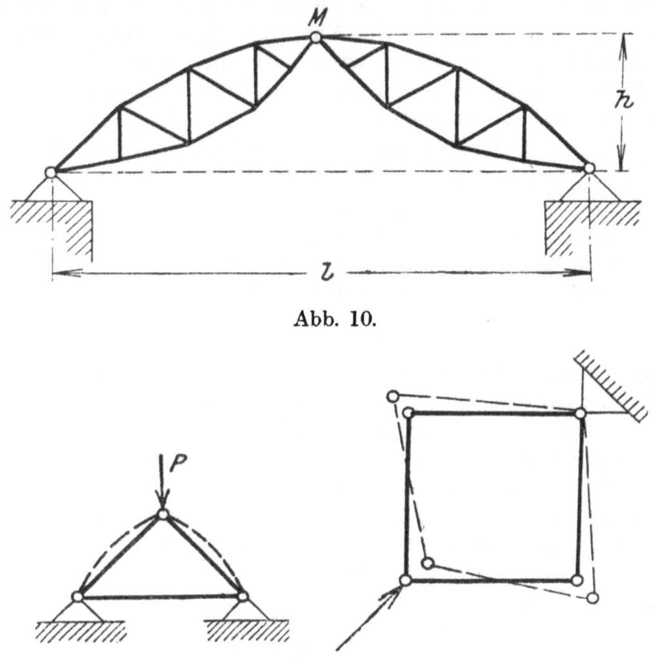

Abb. 10.

Abb. 11.

elastischen Formänderungen und Temperatureinflüssen abgesehen, nur dann einwandfrei erfüllt, wenn sich der Träger aus Dreiecken zusammensetzt. Es ist ersichtlich, daß ein Stabpolygon mit mehr als 3 Ecken durch Einwirkung äußerer Kräfte seine Form beliebig ändern kann (Abb. 11), woraus eine Formänderung des ganzen Systemes folgt. Mit Rücksicht darauf werden die meisten Fachwerke nur aus Dreiecken gebildet, und es ergibt sich die Zahl der notwendigen Stäbe solcher Systeme zu:

$$s = 2k - 3, \qquad \text{(Gl. 2)}$$

wenn k die Zahl der Knotenpunkte bezeichnet. Ein Fachwerk mit mehr als (2k — 3) Stäben ist daher mathematisch überbestimmt und das Vorhandensein von weniger als (2k — 3) Stäben macht die Aufgabe statisch unbestimmt. Das doppelte Hängewerk (Abb. 12) ist daher statisch unbestimmt, ebenso der zweifach verspannte Balken (Abb. 13); fügt man hier die beiden Diagonalen AB und CD hinzu, so wird die Aufgabe sofort mathematisch überbestimmt; denn die Zahl der Stäbe beträgt jetzt 10, während es nur 9 nach der Formel sein dürfen.

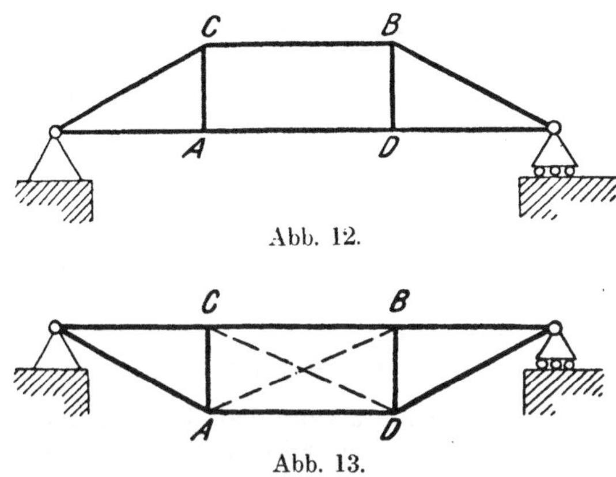

Abb. 12.

Abb. 13.

3. Die Kräfte am Fachwerk.

Die äußeren oder neutralen an einem Fachwerk wirkenden Kräfte müssen im Gleichgewicht sein. Als neutrale Kräfte werden 1. die Belastungen und 2. die Auflagerdrücke oder Reaktionen angesehen. Zu den Belastungen gehören a) das Eigengewicht, b) die Nutzlast und c) zufällige Lasten.

Das Eigengewicht kann man bei kleinen Konstruktionen im allgemeinen vernachlässigen; bei Trägern und Bindern mit großer Spannweite jedoch wird es derart in Rechnung gesetzt, daß man es als gleichmäßig verteilte Last ansieht und demgemäß auf die Zahl der Knotenpunkte, in denen die Nutzlast nur angreifen darf, gleichmäßig verteilt. Grundsätzlich liegt darin allerdings eine Ungenauigkeit; denn es müßte jedem Knotenpunkte nur je das halbe Gewicht der zusammenstoßenden Stäbe als Belastung zugewiesen werden, wie später noch näher erläutert wird.

Die Nutzlast kann eine ruhende oder eine ruhende und eine bewegliche sein. Bei den Dachbindern sieht man das Gewicht der Dachdeckung einschließlich Zwischenträgern als ruhende Belastung an, während Winddruck und Schneelast unter die beweglichen, zufälligen Lasten zu rechnen sind. Die Fahrbahn bei

Verkehrs- und Kranbrücken stellt die ruhende Belastung, die darüber fahrenden Verkehrsmittel oder die Laufkatze beim Kran die bewegliche Last dar. Die Zwischenträger haben die Aufgabe, die Belastungen auf die Knotenpunkte der Hauptträger zu übertragen; bei Dächern dienen die Sparren und Pfetten diesem Zweck, die Lang- und Querträger bei Brücken.

Für Schneedruck wird in Mitteleuropa als Erfahrungswert angenommen:

S = 75 kg/qm der horizontalen Dachprojektion bei geringer Dachneigung,

S = 38 kg/qm der horizontalen Dachprojektion bei einer Dachneigung $> 40^{\circ}$,

S = 0 kg/qm der horizontalen Dachprojektion bei großer Dachneigung.

Dem Winddruck kann man überschläglich durch Vermehrung des Schneedruckes um 25—50 kg/qm Rechnung tragen, so daß sich für Wind- und Schneedruck folgende Werte ergeben:

S' = 100 kg/qm Grundfläche bei mittlerer Dachneigung,
S' = 125 kg/qm „ „ geringer „

Die genauere Berücksichtigung des Winddruckes ist auf folgende Weise möglich. Die Pressung, die eine senkrecht zur Windrichtung stehende Fläche erleidet, ist abhängig von der Windstärke und kann in den Grenzen:

$$k = 120\text{—}240 \text{ kg/qm Grundfläche}$$

angenommen werden. Da nun erfahrungsgemäß die Richtung des Winddruckes um ungefähr 10 Grad von der Horizontalen abwärts angreift, so ist unter Voraussetzung eines Steigungswinkels des Daches von α die in Windrichtung wirkende Pressung auf die Dachfläche w (Abb. 14)

$$w = k \cdot \sin(\alpha + 10^{\circ}) \text{ kg/qm Dachfläche.}$$

Diese Pressung zerlegt man nun in 2 Komponenten, normal (N) und tangential (T) zur Dachfläche; die letztere belastet das Dach nicht, während die erstere sich aus Abb. 14 zu

$$N = w \cdot \sin(\alpha + 10^{\circ}) = k \cdot \sin^2(\alpha + 10^{\circ}) \text{ kg/qm Dachfläche} \quad \text{(Gl. 3)}$$

ergibt. Die Dachfläche habe die Größe a · b qm; daraus folgt der normal zur Dachfläche wirkende Winddruck:

$$W = N \cdot a \cdot b \text{ kg,} \quad \text{(Gl. 4)}$$

der nach dem vorher Gesagten gleichmäßig auf die Knotenpunkte des Binders verteilt werden muß (Abb. 15). Am Dachfirst und an der Regentraufe wirkt als Winddruck auf die betreffenden Dachfelder nur je $\frac{W}{2}$, da nur ein halbes dem Winddruck preisgegeben ist.

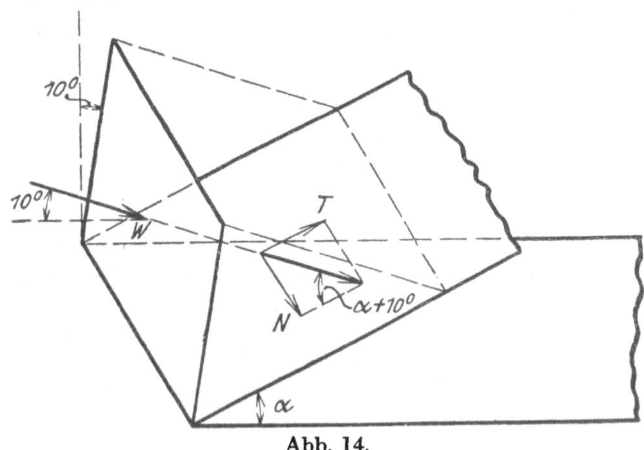

Abb. 14.

Die Drücke in den Auflagern oder Reaktionen sind die durch die Belastungen hervorgerufenen Widerstände, die den Gleichgewichtszustand herstellen. Ihre Ermittlung folgt rechnerisch aus den Gleichgewichtsbedingungen oder einfacher auf graphischem Wege mit Hilfe des Seilpolygons, siehe Abschnitt C, 2.

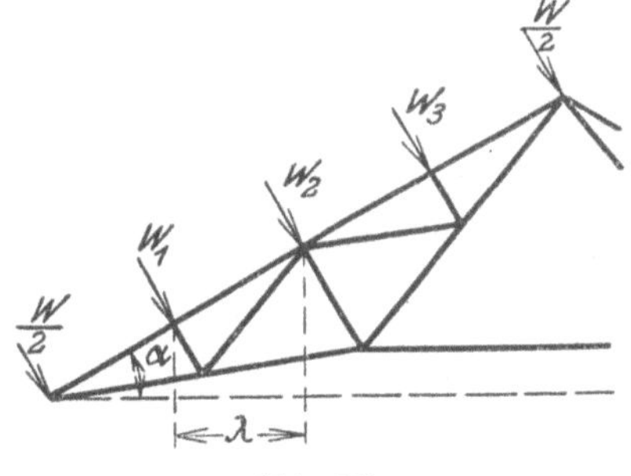

Abb. 15.

Die Nutzlast eines Binders ist gleich dem Eigengewicht der Dachdeckung, für die in den Taschenbüchern entsprechende Werte in Kilogramm pro Quadratmeter Dachfläche enthalten sind. Ist die Dachneigung durch den Winkel α gegeben und das Gewicht der Dachdeckung g kg/qm, so ist das Gewicht für 1 qm der Grundfläche (Abb. 16):

$$g_1 = \frac{g}{\cos \alpha} \text{ kg/qm Grundfläche.} \qquad \text{(Gl. 5)}$$

Nach der „Hütte“ können überschläglich und durch die Erfahrung bestätigt angenommen werden:

für Sparrenlagen . . . . . $p_1 = 10 \div 15$ kg/qm Dachfläche,
für Rahmen und Kopfbänder $p_2 = 10 \div 20$ „ „
für Binder . . . . $p_3 = 15 \div 30$ „ „

Daraus folgt das Eigengewicht des Binders B zu:

$$B = p_3 \cdot a \cdot b \text{ kg}, \qquad \text{(Gl. 6)}$$

wenn a und b Länge und Breite des Daches angeben.

Nach Abb. 16 zerfällt ein Dach durch die unterstützenden Binder v und Sparren u in eine Anzahl von n Rechtecken; die Belastung des Knotenpunktes k durch eines dieser Rechtecke ergibt sich zu:

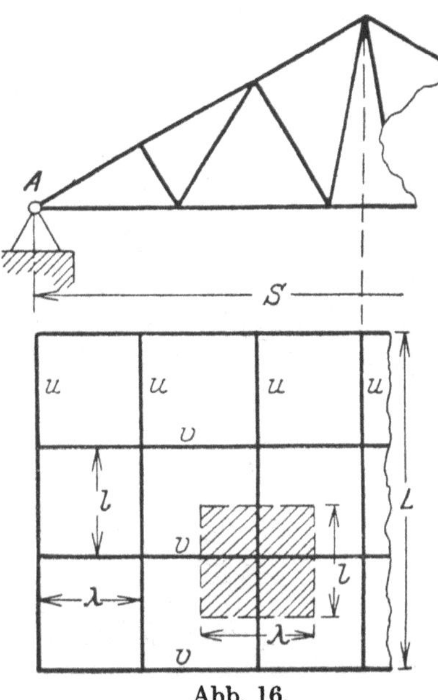

Abb. 16.

$$g_2 = \frac{B}{n \cdot \cos\alpha} \text{ kg/qm Grundfläche.} \qquad \text{(Gl. 7)}$$

Wind- und Schneedruck seien wie vorher erwähnt zu:

$$g_3 + g_4 = 100 \div 125 \text{ kg/qm Grundfläche}$$

angenommen. Die Gesamtbelastung p kg/qm, auf die Grundfläche bezogen, ist also:

$$p = g_1 + g_2 + g_3 + g_4 \text{ kg/qm Grundfläche.} \qquad \text{(Gl. 8)}$$

Ist die Feldteilung λ und l die Entfernung der parallel nebeneinander liegenden Binder (Abb. 16), so ergibt sich die Belastung eines Feldes zu:

$$P = p \cdot l \cdot \lambda \text{ kg}, \qquad \text{(Gl. 9)}$$

worin $\lambda = \frac{S}{n}$ ist. Jedes Feld wird an 4 Eckpunkten unterstützt, so daß auf jeden Knotenpunkt nur ein Viertel der Last P eines Feldes kommt. Da nun aber in jedem Knotenpunkte 4 Felder zusammenstoßen, ergibt sich als Knotenpunktsbelastung:

$$P = p \cdot l \cdot \lambda \text{ kg.} \qquad \text{(Gl. 10)}$$

An den Endknotenpunkten A eines Binders stoßen nur 2 Felder zusammen; sie sind daher nur mit $\frac{P}{2}$ zu belasten (Abb. 16).

4. Das Verfahren von Cremona.

Die gebräuchlichste Methode zum Entwurf eines Kräfteplanes ist die von Cremona. Nach Wahl eines Längenmaßstabes wird ein Bauplan (Abb. 17) entworfen, in dem die Stabrichtungen mit

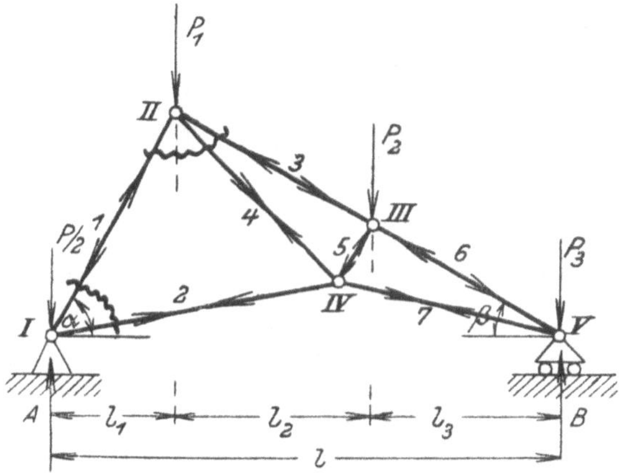

Bauplan M: 1:100

Abb. 17.

den Aktionslinien der Kräfte zusammenfallen; die Wahl des Kräftemaßstabes erfolgt mit Rücksicht auf die gewünschte Genauigkeit. Beide Maßstäbe werden auf der Zeichnung vermerkt. In folgendem sei das Verfahren an einem Sheddachbinder, dessen Felder den angegebenen Belastungen P ausgesetzt sind, erläutert. Die Reaktionen werden rechnerisch bestimmt.

Von dem Gedanken ausgehend, daß die in jedem Knotenpunkte angreifenden inneren und äußeren Kräfte im Gleichgewicht sein müssen, entwirft man für jeden dieser Knotenpunkte ein Kräftepolygon, das nach den Bemerkungen in Abschnitt A, 4 in sich geschlossen sein muß, wodurch sich stets 2 unbekannte Kräfte nach Größe, Druck- oder Zugspannungen bestimmen

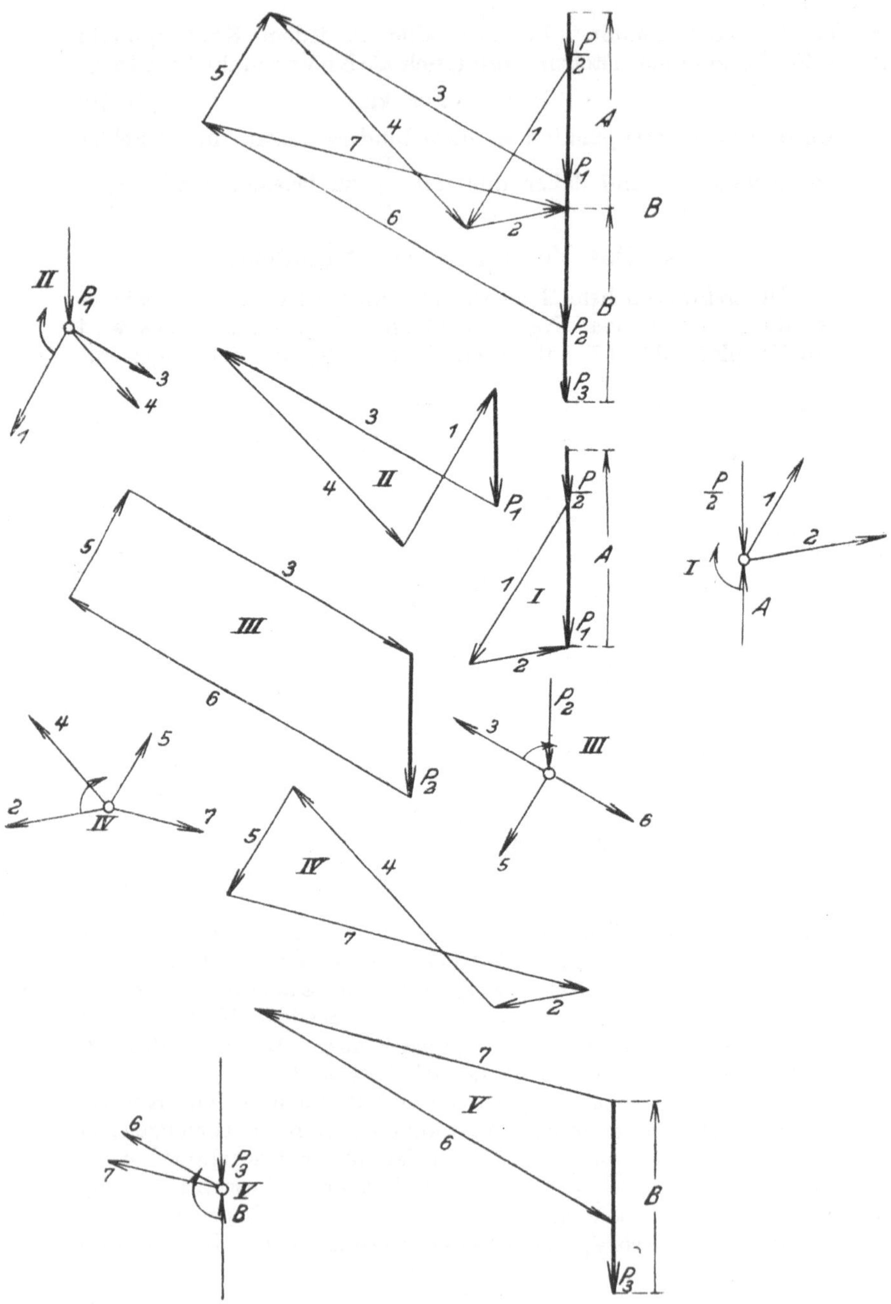

Abb. 17a.

lassen. In dem vom übrigen System abgetrennt gedachten Knotenpunkte I (Abb. 17) greifen die völlig bestimmten Kräfte A und $\frac{P}{2}$ an, sowie die Stabkräfte 1 und 2, die ihrer Richtung nach bekannt sind; aus diesen Kräften läßt sich, da sie im Gleichgewicht sein müssen, ein geschlossenes Kräftepolygon (Abb. 17a, I) bilden, indem man den Auflagerdruck A vertikal aufträgt und davon $\frac{P}{2}$ als entgegengesetzt wirkende Kraft abzieht; die verbleibende Kraft $A - \frac{P}{2}$ verteilt sich auf die Stäbe 1 und 2 durch Zerlegen, indem man durch $\frac{P}{2}$ die Parallele zum Stabe 1 und durch das unbezeichnete Ende von A eine Parallele zum Stabe 2 im Bauplan zieht. Jetzt ist die Entscheidung über Druck- oder Zugspannung zu fällen, die aus der Pfeilbezeichnung folgt. In Stab 1 wirkt Druck, in Stab 2 Zug; dafür merke man sich folgende Regel:

Regel 1. Zeigt die in den Bauplan übertragene Pfeilrichtung auf den Knotenpunkt hin, für den das Kräftepolygon bestimmt wurde, so herrscht im Stabe Druck, weist sie jedoch vom Knotenpunkte weg, so steht er unter Zugbeanspruchung.

Da das Kräftepolygon nur die Ermittlung zweier unbekannter Stabkräfte gleichzeitig zuläßt, ist eine Fortsetzung des Verfahrens nur am Knotenpunkte II möglich; denn am Knotenpunkte III ist z. B. außer der Kraft P_2 nichts weiter bekannt. Für die am Knotenpunkte II (Abb. 17a, II) wirkenden Kräfte 1, P_1, 3 und 4 wird nun ebenfalls das Kräftepolygon gebildet, woraus sich die Größe von 3 und 4 ergibt. Die Beurteilung über Druck oder Zug wird wieder nach der obigen Regel 1 gefällt, nachdem die Pfeilrichtung in dem zuerst ermittelten Stabe 1 umgekehrt worden ist, da die Stabkraft 1 auch auf den Knotenpunkt II als Druck wirken muß; danach ergibt sich für Stab 3 Druck und für Stab 4 Zug. Die Fortsetzung der Arbeit erfolgt nun am Knotenpunkte III (Abb. 17a, III), für dessen Kräfte 3, P_2, 6 und 5 das Kräftepolygon zu bilden ist. Nach Umkehrung der Pfeilrichtung in Stab 3 ergibt sich für die Stäbe 5 und 6 nach der angeführten Regel Druck. Als Regel für die Reihenfolge der aneinander zu fügenden Kräfte merke man sich:

Regel 2. An jedem Knotenpunkte gehe man von einer völlig bestimmten Kraft aus und reihe die Kräfte entweder dem Uhrzeigersinn folgend oder ihm ent-

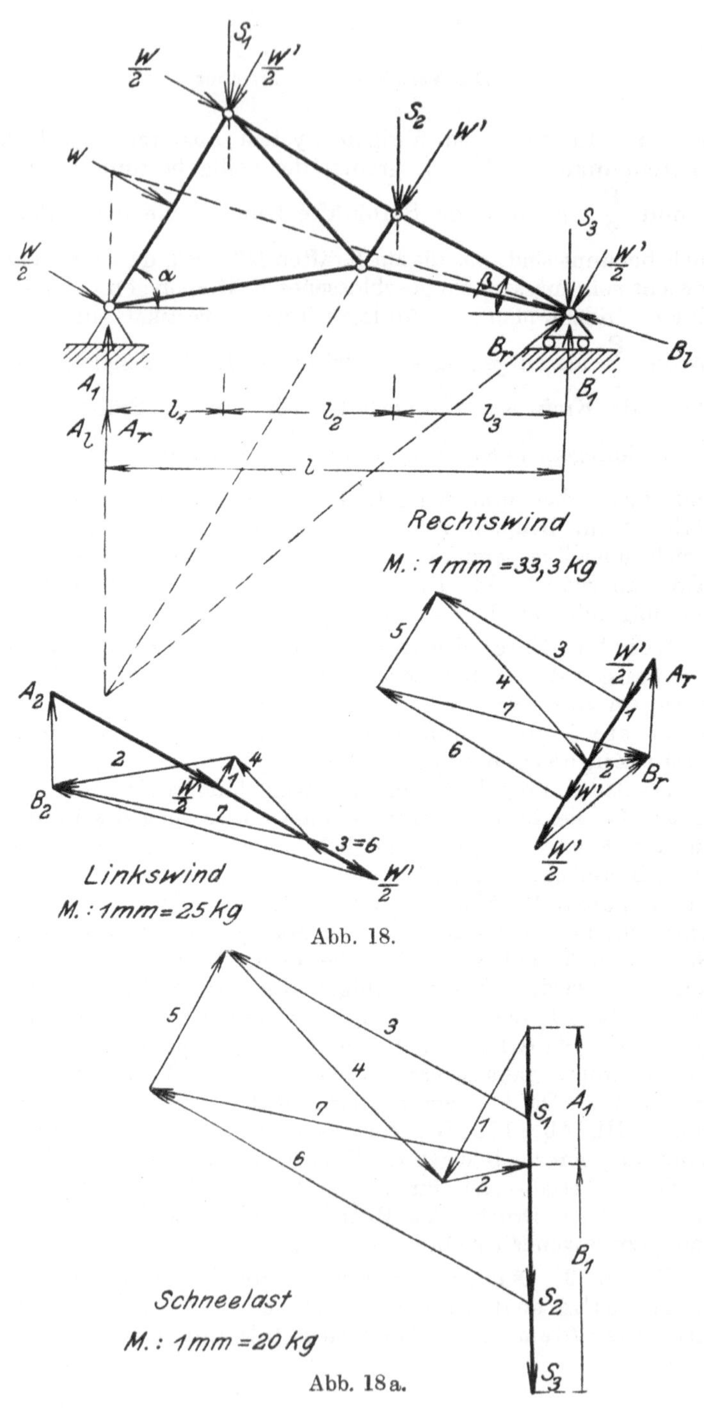

Abb. 18.

Abb. 18a.

gegengesetzt aneinander und behalte die Anreihungsart für die Bearbeitung des ganzen Planes bei. Als Beispiel hierfür sei Knotenpunkt I angeführt; hier wurde mit dem Auflagerdruck A begonnen (Abb. 17a, I), darauf folgte die Anreihung von $\frac{P}{2}$ Stabkraft 1 und zuletzt Stabkraft 2, also im Uhrzeigersinn (vgl. die Knotenpunktskizzen auch für die Polygone II, III usw.). Der weitere Aufbau des Planes erfolgt am Knotenpunkte IV usw.

Die für jeden Knotenpunkt entstehenden Kräftepolygone kann man nun vereinigen, wie Abb. 17, B zeigt, zu dem Cremonaschen Kräfteplan; denn die bekannten Spannungen eines neuen Polygons brauchen auf diese Weise nicht von neuem aufgetragen zu werden, wodurch die Genauigkeit größer wird, und man hat bei Beachtung der Uhrzeigerregel die bereits bekannten Spannungen in der richtigen Reihenfolge vor sich. Zur Entscheidung über Druck oder Zug ist nach Regel 1 nur an die Umkehrung der Pfeilrichtungen zu denken. Bei symmetrischen Bindern ergeben die homologen Knotenpunkte symmetrische Kräftepolygone und daraus im ganzen einen symmetrischen Kräfteplan.

Den Abschluß des Planentwurfes bildet die Auswertung. Die Stabkräfte werden durch Multiplikation der Streckenlängen mit dem Kräftemaßstab errechnet und nach Zug und Druck gesondert in eine Tabelle eingetragen; statt dessen kann man aber auch die Kräfte nach Druck und Zug durch Vorzeichen vor der Kraftzahl unterscheiden, indem man Druck als negativ und Zug als positiv annimmt.

5. Fachwerke mit mehr als (2k — 3) Stäben.

Als statisch überbestimmte Fachwerke bezeichnet man solche, deren Stabzahl s größer als (2k — 3) ist, wenn k die Zahl der Knotenpunkte bedeutet. Zu diesen gehören neben anderen die Parallelträger mit doppelten Diagonalen. Um nun die Stabkräfte solcher Träger graphostatisch zu bestimmen, kann man sie sich aus zwei Trägern zusammengesetzt denken (Abb. 19, a und b) mit entgegengesetzt gerichteten Diagonalen. Unter einer ruhenden Belastung P′, P″, P‴ muß dann jedes der Teilsysteme (Abb. 19, a und b) die halbe Belastung zu tragen imstande sein. In diesem Falle entwickelt man für jedes System die Cremonapläne unter Zugrundelegung der halben Lasten $P_1 = \frac{P'}{2}$, $P_2 = \frac{P''}{2}$ und $P_3 = \frac{P'''}{2}$.

Die Spannungen des Hauptträgers erhält man dann aus den Spannungen der Stäbe der Teilsysteme durch Addition. Die Diagonalen 5 und 9 haben Zug (Abb. 19a, d), 18 und 22 Druck

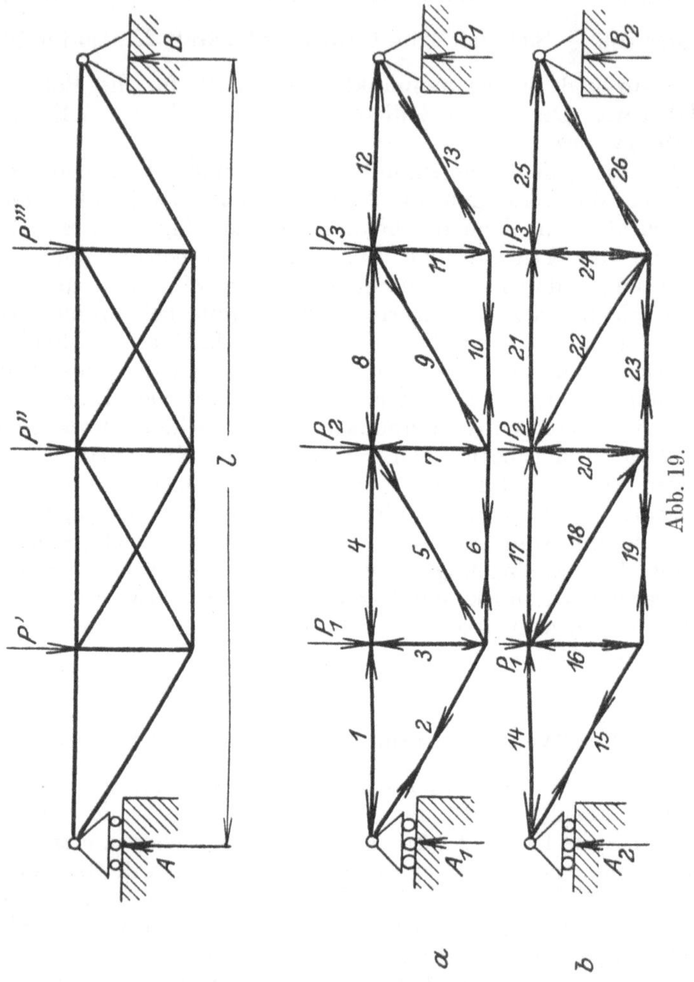

Abb. 19.

(Abb. 19a, c). Werden nun, wie in vielen praktischen Beispielen, die symmetrischen Belastungen gleich groß $P' = P'' = P'''$, so folgt daraus die Gleichheit der Reaktionen $A_1 = B_1$, $A_2 = B_2$, mithin auch $A = B$; dabei werden die Spannungen der genannten

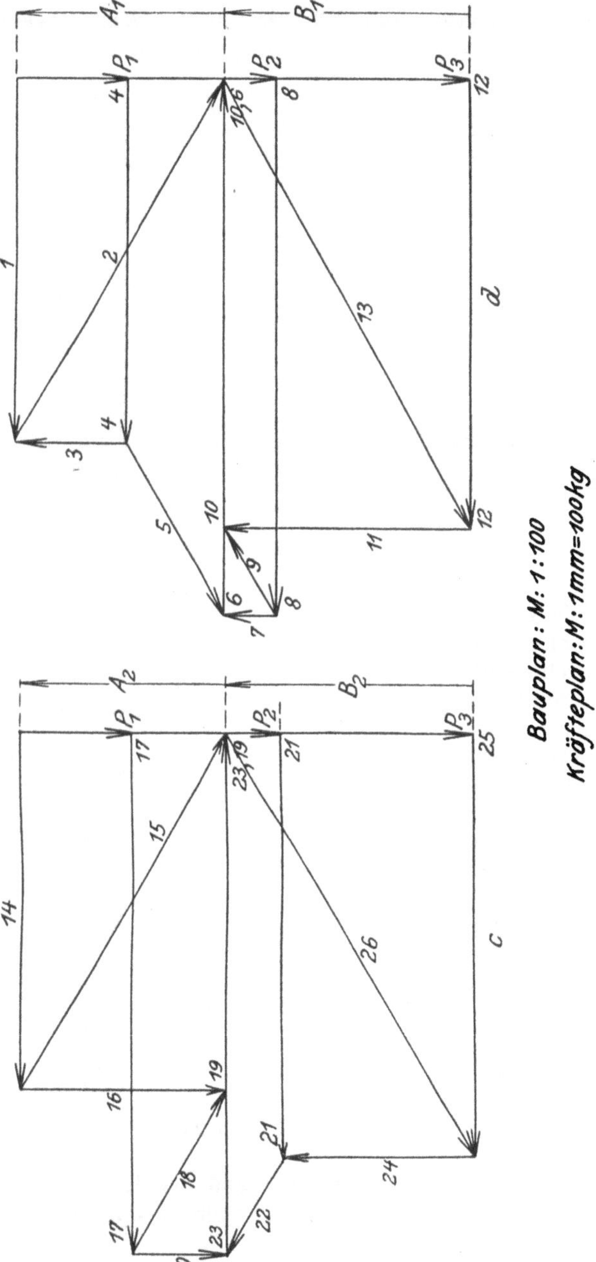

Abb. 19a.

Diagonalen gleich groß (Abb. 20). Auf diesem Wege lassen sich auch mehrfach vergitterte Träger graphisch berechnen, indem

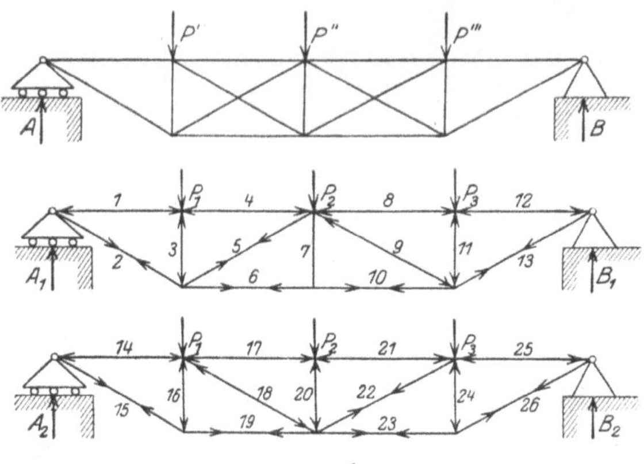

man den Hauptträger in mehrere Teilsysteme zerlegt, für diese die Kräftepläne entwickelt und daraus durch Addition die Stabspannungen des Hauptträgers ermittelt.

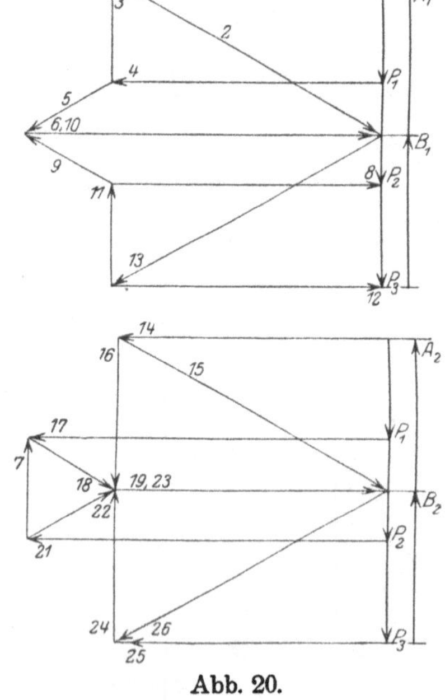

Abb. 20.

Bei Kranbrücken und Kranträgern wird vielfach die Forderung gestellt, daß die Diagonalen nur Zugspannungen ausgesetzt sein dürfen. Denkt man sich in obigem Beispiele (Abb. 19) die Lasten P'' und P''' fort, so erhalten die nach rechts ansteigenden Diagonalen 5 und 9 Zug, wenn sich die Last P' entsprechend der Laufkatze von A nach B bewegt; bei Bewegung von B nach A würden dieselben

Diagonalen aber Druck erhalten. Um dies zu vermeiden, führt man in diesem Falle die Gegendiagonalen 18 und 22 (Abb. 19, b) ein und sorgt dafür, daß die Spannung der in diesem Falle gedrückten Diagonalen 5 und 9 ohne Wirkung bleibt. Zu diesem Zweck wählt man für die Diagonalen statt Profileisen einfache Flacheisen; denn diese biegen unter der Druckbeanspruchung nach der Seite aus, wogegen Profileisen einen erheblichen Widerstand aufbringen würden. Dadurch erhält die Gegendiagonale Zug; in der graphischen Ermittlung der Stabkräfte verfährt man so, als wenn die zweite Diagonale nicht vorhanden wäre, sie also fortläßt. In der praktischen Ausführung erscheinen beide Diagonalen als Flacheisen mit entsprechendem Querschnitt auf Zug beansprucht. Nachdem man für die verschiedenen möglichen Laststellungen die Kräftepläne aufgezeichnet hat, ermittelt man aus der aufgestellten Tabelle (s. Aufgabe 5 Seite 39) die resultierenden Spannungen.

C. Von den Kräften in der Ebene.

1. Parallele Kräfte.

Parallele Kräfte lassen sich auch zu einer Resultierenden R zusammenfassen. Man erreicht dies Ziel am einfachsten dadurch, daß man in den Angriffspunkten der Parallelkräfte K_1 und K_2 je eine Horizontalkraft angreifen läßt; die Kräfte P′ und P″ (Abb. 21) sind **gleich groß** und entgegengesetzt gerichtet, damit der ursprüngliche Zustand keine Veränderung erfährt. Setzt man jetzt P′ und K_1 und P″ und K_2 zu den Resultierenden R_1 und R_2 zusammen, so kann man aus R_1 und R_2 die Endresultierende R, die parallel zu K_1 und K_2 verläuft, bilden. Der Abstand des Angriffspunktes der Resultierenden R von den Angriffspunkten von K_1 und K_2 regelt sich nach dem Hebelgesetz und es ist:

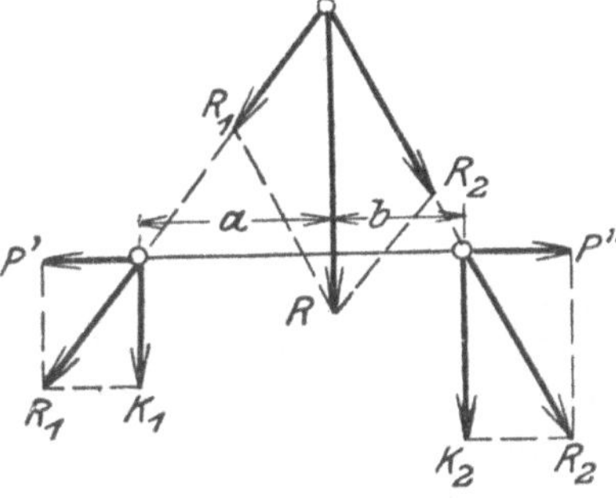

Abb. 21.

$$a : b = K_2 : K_1 .$$

2. Das Seilpolygon.

Bei einer beliebigen Anzahl von Kräften, deren Resultierende R ermittelt werden soll, kann man, wie vorher schon erwähnt, nach dem Satz vom Parallelogramm der Kräfte verfahren, was aber sehr umständlich ist. Bei weitem einfacher und zeichnerisch leichter durchführbar ist die Anwendung des Seilpolygones. Es sollen z. B. die vier Kräfte P_1, P_2, P_3 und P_4 zu einer Resultierenden vereinigt werden. Zu diesem Zwecke verbinde man beliebige Punkte I, II, III und IV der Aktionslinien der Kräfte durch ein Seil, so daß die im Knotenpunkt angreifende Kraft den beiden Seilkräften das Gleichgewicht hält,

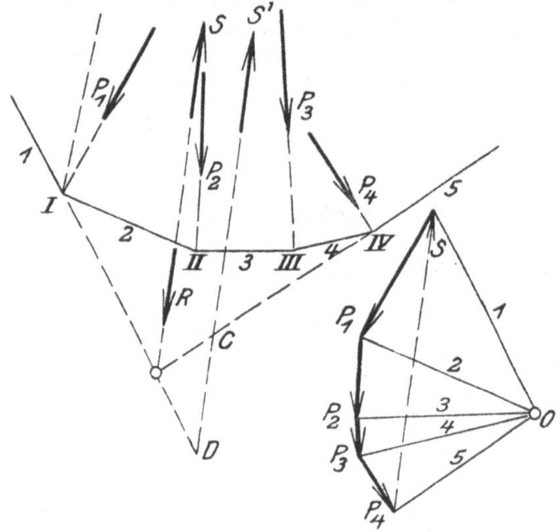

Abb. 22.

wie in Aufgabe 2, Seite 31. Unter Befolgung des Cremonaschen Verfahrens läßt sich jetzt leicht ein Kräfteplan entwerfen, in dem man von Knotenpunkt zu Knotenpunkt fortschreitet und jedesmal die dort angreifenden Kräfte zu einem Kräftepolygon vereinigt; dabei laufen die Seilspannungen strahlenförmig in einem Punkt, dem Pol, zusammen (Ab. 22). Die inneren Seilkräfte treten nun paarweise in gleicher Größe, aber entgegengesetzter Richtung auf, heben sich also auf, so daß die gegebenen Kräfte P_1, P_2, P_3 und P_4 durch die beiden äußeren Seilkräfte 1 und 5 im Gleichgewicht gehalten werden; mithin muß die Resultierende S der beiden Seilkräfte 1 und 5 der gesuchten Resultierenden R der gegebenen Kräfte das Gleichgewicht halten, d. h. gleich groß und von entgegengesetzter Kraftrichtung sein. Die Lage des Poles O ist durch die beliebig angenommene Seillage bestimmt; als Resultat der Überlegung folgt also, daß die Aktionslinie der gesuchten Resultierenden durch den Schnittpunkt der ersten und letzten Seite des Seilpolygons gehen muß.

Denkt man sich nun (Abb. 22) die Resultierende S als fünfte Kraft wirkend genau so groß wie R, aber von entgegengesetzter Kraftrichtung, so entsteht offenbar ein Gleichgewichtssystem für diese fünf Kräfte; denn in dem gezeichneten Kräftepolygon muß der Endpunkt von S mit dem Anfangspunkt von P_1 zusammenfallen, das Kräftepolygon ist also geschlossen. Dieselbe Wirkung tritt ein, wenn man die Kraft $S' = S$ an beliebiger Stelle parallel zu R anbringt, obwohl dann kein Gleichgewicht infolge des Kräftepaares S' und R vorhanden ist. Entwirft man für diesen Fall ein Seilpolygon, so ergibt sich eine offene Figur; denn es entstehen zwei Knotenpunkte C und D, das Seilpolygon ist also offen. Daraus folgt als Schluß für die drei Gleichgewichtsbedingungen die Geschlossenheit von Kräfte- und Seilpolygon bei graphischer Bearbeitung.

3. Schwerpunktsbestimmung.

Das Seilpolygon dient der Lösung wichtiger Aufgaben in einfacher graphischer Form. Es werde z. B. der Schwerpunkt eines Trapezes von der Fläche F (Abb. 23) gesucht. Durch die Diagonale BD teilt man es in 2 Dreiecke und bestimmt deren Schwerpunkte als Schnittpunkt der Mittellinien. Da nun die Gewichte einer materiellen Fläche den Flächenelementen gleich sind, kann man statt der Gewichte die Flächen setzen, die ebenfalls in den Dreiecksschwerpunkten angreifen und als Parallelkräfte anzusehen sind. Man setzt sie also nach Wahl eines Flächenmaßstabes zu einem Polygon zusammen, wählt einen Pol O, zieht die Polstrahlen und bringt die erste und letzte Seite des Seilpolygones zum Schnitt, wodurch die Aktionslinie von F als Resultierende von Σf gewonnen wird. Diese Schwerlinie ist der erste geometrische Ort für den gesuchten Schwerpunkt des Trapezes. Nach Drehung der Fläche um einen beliebigen Winkel, in diesem Falle um 90 Grad, wird dasselbe Verfahren wiederholt, woraus sich eine zweite Schwerlinie ergibt. Der Schnittpunkt beider Schwerlinien ist der gesuchte Schwerpunkt S der Fläche F.

Auf diese Weise lassen sich leicht die Schwerpunkte beliebiger Polygone ermitteln, indem man sie zunächst in Dreiecke zerlegt und darauf wie oben angegeben verfährt.

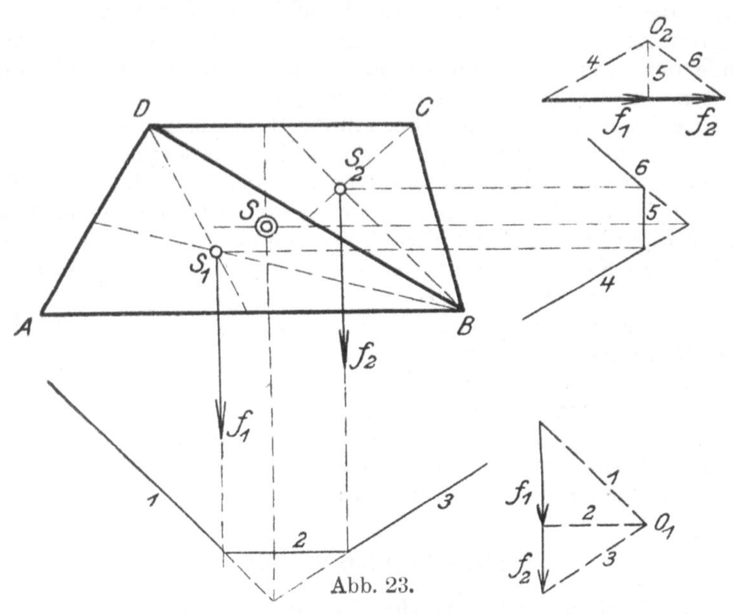

Abb. 23.

4. Bestimmung der Reaktionen.

Eine andere wichtige Aufgabe ist ebenfalls leicht mit Hilfe des Seilpolygones zu lösen, nämlich die Bestimmung der Re-

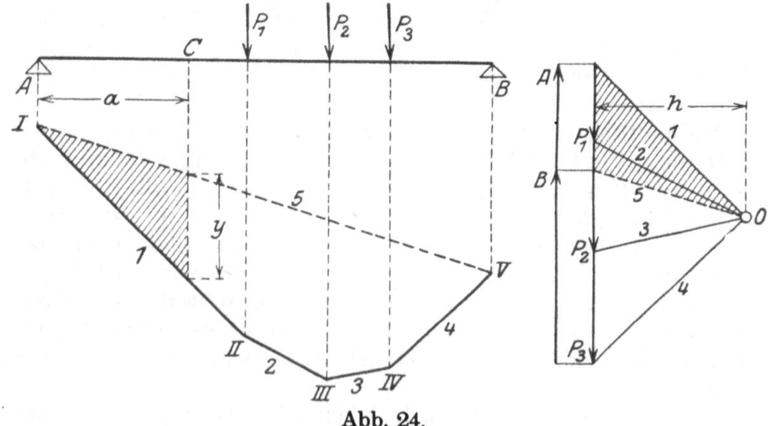

Abb. 24.

aktionen. Es sei der in Abb. 24 dargestellte Belastungsfall mit den Kräften P_1, P_2 und P_3 gegeben; diese müssen mit den Reaktionen A und B im Gleichgewicht sein. Nach Aneinanderreihung von P_1, P_2, P_3 nach Größe und Richtung werde ein beliebiger Punkt O als Pol gewählt und die Polstrahlen 1, 2, 3 und 4 gezogen, worauf parallel zu diesen das Seilpolygon I, II, III, IV und V gebildet wird. Verbindet man nun I mit V, d. h. man zeichnet die Resultierende der Kräfte A, P_1, P_2, P_3, B und zieht durch O die Parallele I—V = 5, so ergeben sich die Reaktionen A und B aus dem Schluß des Kräftepolygones (Abb. 24).

5. Die Momentenfläche.

Die durch das Seilpolygon begrenzte Fläche wird auch als Momentenfläche bezeichnet; denn mit ihrer Hilfe kann an jeder beliebigen Stelle das entsprechende Biegungsmoment ermittelt werden. Bezeichnet h die Höhe im Kräftepolygon, so ist das Biegungsmoment im Punkte C:

$$A \cdot a = y \cdot h \text{ (Abb. 24).} \qquad \text{(Gl. 11)}$$

Dies folgt aus der Ähnlichkeit der entsprechenden Dreiecke im Seil- und Kräftepolygon. Rechnerisch ist darauf zu achten, daß ein Moment stets in Zentimeterkilogramm angegeben wird, mithin also bei der Auswertung mit den gewählten Maßstäben in Zentimetern für Kraft und Länge zu multiplizieren ist.

6. Bildung des Querkraftdiagrammes.

Wie aus der Mechanik als bekannt vorausgesetzt werden darf, entsteht eine Biegung bzw. Drehung unter der Einwirkung eines Kräftepaares in Verbindung mit Querkräften (Transversal- oder Schubkräften). Diese, die in jedem beliebigen Querschnitte auftreten können, kann man ebenfalls graphisch zur Darstellung bringen, indem man zunächst die Resultierende der im abgetrennten Querschnitt wirkenden Kräfte bildet. Die Vertikale durch den Querschnitt C (Abb. 25) schneidet die Seite 2 und 4 des Seilpolygones, und die dazu parallelen Polstrahlen im Kräftepolygon geben die zugehörige Querkraft ($A - P_1$) an. Von einer Nullinie trägt man nun in den entsprechenden Stellen vom Auflager entfernt die positiven Querkräfte (mit + bezeichnet) nach oben ab, die negativen (mit — bezeichnet) nach unten, so daß sich als Querkraftdiagramm für den in Abb. 25 dargestellten Belastungsfall die unter der Momentenfläche entwickelte

Fläche bildet. Die Querkräfte sind zwischen benachbarten Belastungsstellen konstant und ändern sich stets sprungweise bei Überschreitung eines neuen Belastungspunktes. An und für sich können nach der Festigkeitslehre die Schubspannungen bei der Berechnung gegenüber den Biegungsbeanspruchungen vernachlässigt werden, graphisch jedoch ist das Querkraftdiagramm von großer Wichtigkeit, weil nämlich jedem Nullpunkt in ihm ein Maximum des Biegungsmomentes entspricht. Für die Berechnung ist aber das maximale Biegungsmoment ausschlaggebend, seine schnelle Auffindung und die Stelle seines Auftretens von

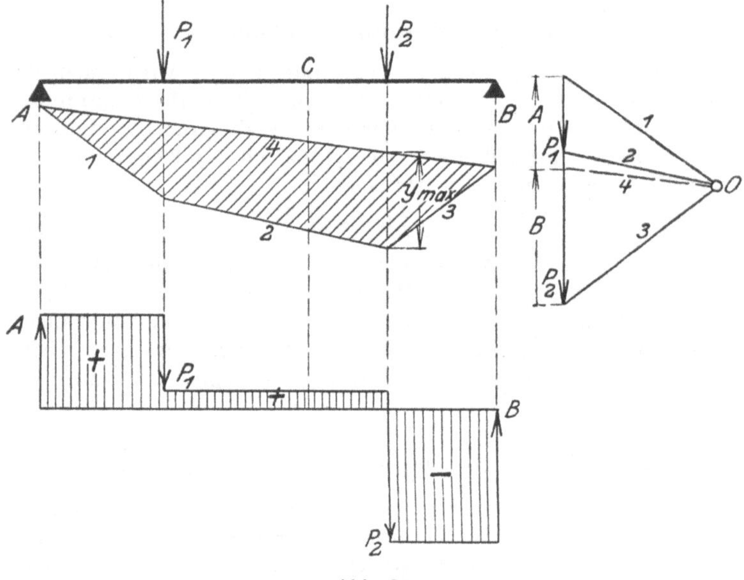

Abb. 25.

besonderem Interesse. In einfachen Fällen wird zwar die Lage und Größe des Biegungsmomentes klar auf der Hand liegen, z. B. bei Belastung des Balkens durch eine Einzelkraft, bei gleichmäßig verteilten oder mehreren Lasten jedoch kann der gefährliche Querschnitt mit Hilfe des Querkraftdiagrammes leicht und schnell bestimmt werden. Als Kriterium für die Richtung der Biegungsordinaten sei folgende Regel gegeben:

Regel 3. Fallen Belastungsrichtung und Durchbiegung der elastischen Linie (Durchbiegungslinie) zusammen, so sind die Biegungsordinaten positiv, während entgegengesetzte Durchbiegung auf negative Biegungsordinaten schließen läßt. Die elastische Linie weist einen Wendepunkt auf, wenn die Ordinate der Momentenfläche Null ist. Die Momentenfläche gibt daher auch Aufschluß über den Verlauf der elastischen Linie.

7. Zusammensetzung von Biegungsmomenten in verschiedenen Ebenen.

Zwei sich im Raume kreuzende, aber auf AB senkrecht stehende Kräfte P_1 und P_2 (Abb. 26) üben jede in ihrer Ebene

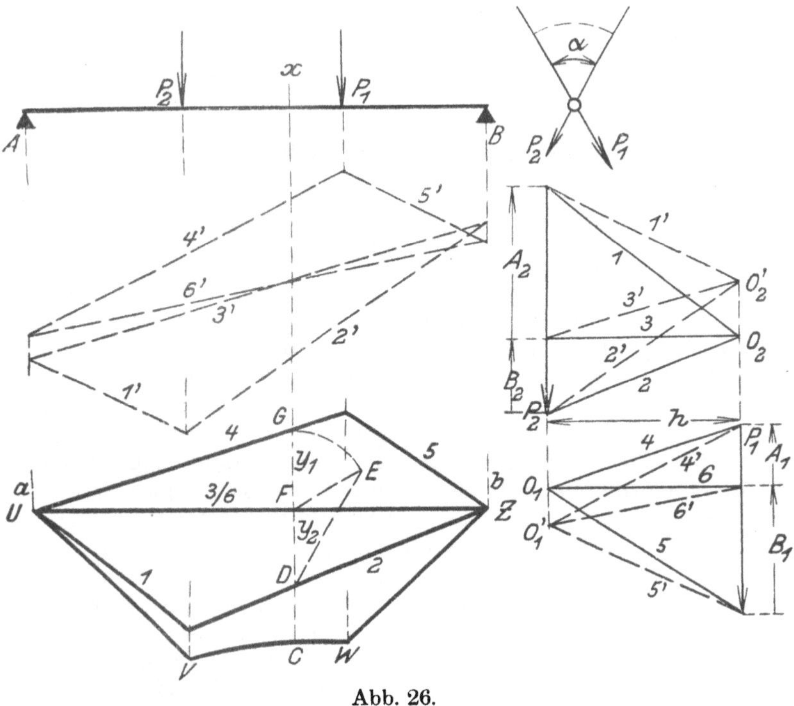

Abb. 26.

auf den Balken ein Biegungsmoment aus, dessen Momentenfläche nach dem vorher Gesagten entworfen werden kann, wobei man zweckmäßigerweise die Flächen nach oben bzw. unten an der Horizontalen $\overline{ab}$ entwickelt; dies wird nach Ermittlung der Auflagerreaktionen A_1 und B_1 und A_2 und B_2 durch horizontale Lage des Polstrahles 3 bzw. 6, d. h. durch Wahl des

Poles O_1 bzw. O_2 senkrecht über B_1 bzw. B_2 erreicht. In dem beliebigen Querschnitt x des Trägers wirken die Momente $M_{b_I} = y_1 \cdot h$ und $M_{b_{II}} = y_2 \cdot h$. Faßt man nun y_1 und y_2 als Kräfte am gleichen Hebelarm h auf, so ist die Beanspruchung in x mit der eines in A fest eingespannten Trägers zu vergleichen; y_1 und y_2 liegen in einer Ebene senkrecht zum Träger und wirken wie ursprünglich P_1 und P_2 unter dem Winkel α, mithin kann man y_1 und y_2 nach dem Parallelogramm der Kräfte zu der Resultierenden y zusammensetzen (Abb. 27), d. h. man vereinigt durch häufige Wiederholung der Konstruktion die Biegungsmomente M_{b_I} und $M_{b_{II}}$ zu dem resultierenden Moment M_b, das durch die Momentenfläche UVWZ dargestellt wird.

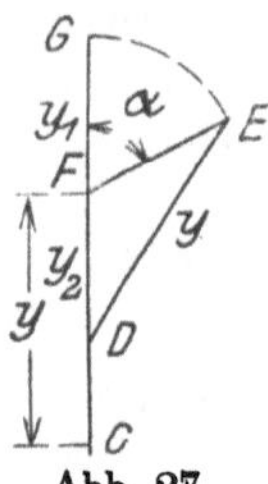

Abb. 27.

8. Zusammensetzung von Biegungs- und Torsionsmomenten.

Eine Transmissionswelle nach Abb. 28 sei durch eine vertikal abwärts wirkende Kraft P belastet, die eine Biegungsanstrengung in der Welle hervorruft. Unter der Annahme, daß die Welle in A plötzlich klemmt, wodurch der eingetretene Zustand einer festen Einspannung gleicht, tritt zwischen dem Auflager A und dem Angriffspunkt von P auch noch eine Anstrengung auf Verdrehung ein. Wirken nun, wie in der Seitenansicht von Abb. 28 gezeigt ist, die gleichen aber entgegengesetzten Kräfte P_1 und P_2, durch die der ursprüngliche Zustand keine Veränderung erleidet, so ist ersichtlich, daß P und P_1 ein Kräftepaar bilden, mithin ein Drehmoment verursachen, während die übrigbleibende Kraft $P_2 = P$ direkt die Welle auf Biegung belastet. Es liegt also der Fall einer zusammengesetzten Festigkeit vor. Man kann nun zunächst nach Bestimmung der Reaktionen die Biegungsmomentenfläche CDE bilden, so daß wieder wie vorher die Schlußseite 3 horizontal liegt; das Drehmoment zwischen A und P ist konstant, die Drehmomentenfläche muß also ein Rechteck CFGH werden, so daß der Bedingung genügt wird:

$$\frac{x}{r} = \frac{P}{h}.$$

oder

$$x \cdot h = P \cdot r \qquad \text{(Gl. 12)}$$

Dies wird dadurch erreicht, daß man in dem Poldreiecke im Abstande r vom Pol O eine Parallele zur Kraft P zieht; diese genügt dann der gestellten Bedingung nach dem Strahlensatz, wodurch alle Momente auf denselben Hebelarm h bezogen sind. Nach der Festigkeitslehre ist das ideelle Moment M_i:

$$M_i = \tfrac{3}{8} M_b + \tfrac{5}{8} \sqrt{M_b^2 + M_d^2}.$$

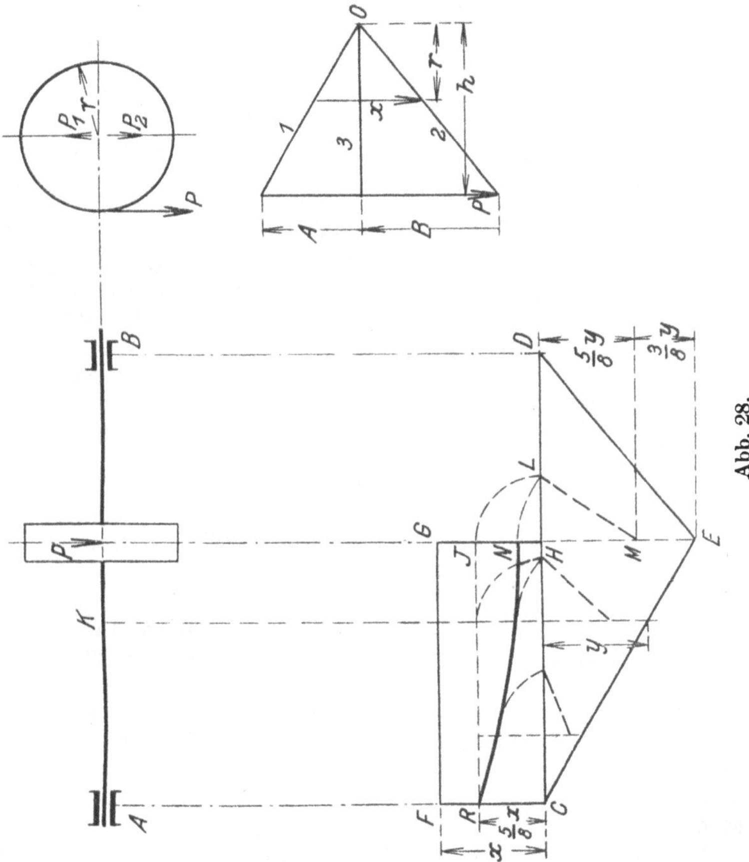

Abb. 28.

Stellt y das auf h bezogene ideelle Moment für einen beliebigen Querschnitt K dar, so geht die Formel

$$y_i \cdot h = \tfrac{3}{8} y \cdot h + \tfrac{5}{8} \cdot h \sqrt{y^2 + x^2}$$

nach Kürzung durch den Faktor h in die Form über:

$$y_i = \tfrac{3}{8} y + \tfrac{5}{8} \cdot \sqrt{y^2 + x^2}. \qquad \text{(Gl. 13)}$$

Die geometrische Konstruktion dieses Ausdruckes zeigt Abb. 29 für den Querschnitt P, durch deren Wiederholung die Kurve RN in Abb. 28 zwischen den Punkten A und P entsteht. Die gesuchte ideelle Momentenfläche ist also die Fläche CEDHNR.

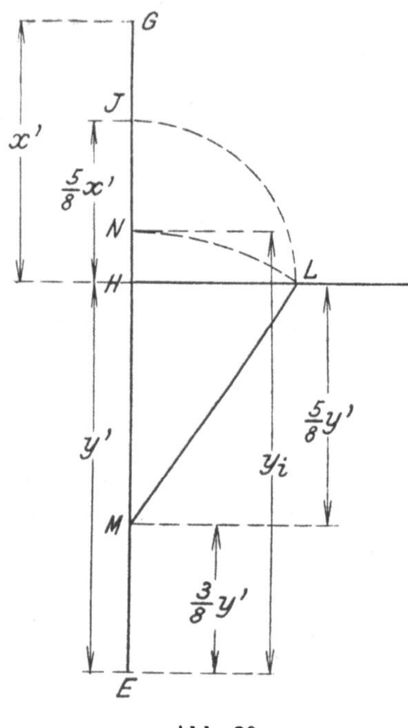

Abb. 29.

D. Zahlenbeispiele.

Aufgabe 1. Von einer Einzylinder-Dampfmaschine sind gegeben der Zylinderdurchmesser $D_1 = 430$ mm und der Dampfdruck p = 6 at. Wie groß ist die der in Abb. 30 dargestellten Lage entsprechende Schubstangenkraft S, der Druck auf die Kreuzkopfbahn V, der Tangentialdruck T und der Druck auf das Kurbellager D bei einem Schubstangenverhältnis von r/L = 1/5.

Die Kolbenkraft K ist:

$$K = \frac{\pi \cdot D_1^2}{4} \cdot p = 1450 \cdot 6$$
$$= \sim 8700 \text{ kg}.$$

Als Kräftemaßstab sei gewählt: 1 mm = 200 kg. Die Kolbenkraft K ist nun in ihre beiden Komponenten, die Schubstangenkraft S und den Druck auf die Kreuzkopfbahn V, deren Richtungen durch den Lageplan gegeben sind, zu zerlegen. K wird als Strecke zu 43,5 mm laut Maßstab aufgetragen, und es ergibt sich nach Bildung des Kräfteparallelogrammes S = 44 mm, d. h. S = 8800 kg, und V = 4,5 mm = 900 kg. Der Druck auf das Kurbellager D und der Tangentialdruck T folgen weiter als Komponenten der Schubstangenkraft S ebenfalls aus dem Parallelogramm der Kräfte, da die Richtungen von T und D bekannt sind (Abb. 30).

T = 42,5 mm = 8500 kg. D = 6,5 mm = 1300 kg.

Aufgabe 2. Ein an den Punkten P_1 und P_2 befestigtes Seil ist im Punkte P_3 durch die Last Q = 5100 kg belastet,

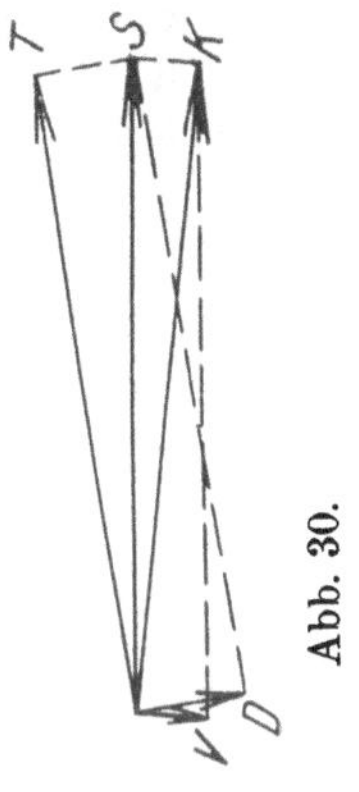

Abb. 30.

so daß die Seilneigungen $P_1 P_3$ und $P_2 P_3$ einen gegebenen Winkel bilden. Wie groß sind die Seilspannungen (Abb. 31)?

Als Kräftemaßstab wird gewählt: 1 mm = 300 kg; mithin ist Q als Strecke von 17 mm senkrecht nach unten aufzutragen. Zieht man dann durch die Endpunkte der Strecke Q die Parallelen $S_1 \# P_1 P_3$ und $S_2 \# P_2 P_3$, so erhält man ein geschlossenes Kräftepolygon, da die 3 Kräfte Q, S_1 und S_2 im Gleichgewicht sein müssen, und es ergibt sich:

$S_1 = 12{,}5$ mm, oder mit dem Kräftemaßstab multipliziert $S_1 = 3750$ kg,

$S_2 = 9$ mm, oder mit dem Kräftemaßstab multipliziert $S_2 = 2700$ kg.

Aufgabe 3. Es wird die graphische Berechnung der Stabkräfte, des Gegengewichtes G und des Auflagerdruckes auf eine vordere Rolle A eines Drehkranes nach Abb. 32 für eine Nutzlast Q = 4000 kg verlangt, dessen Abmessungen die folgenden sind:

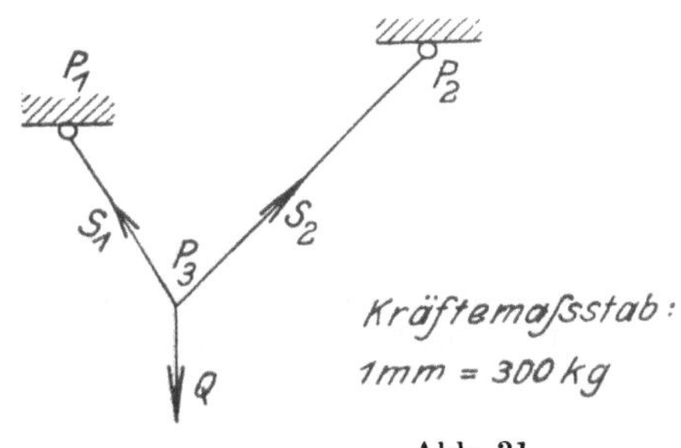

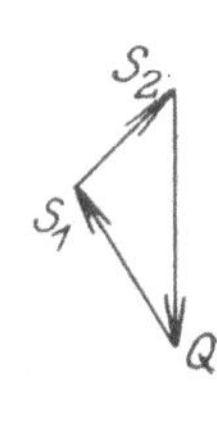

Abb. 31.

Ausladung: $l = 4200$ mm
Hubhöhe: $h = 3200$ „
Abstand: $a = 3000$ „

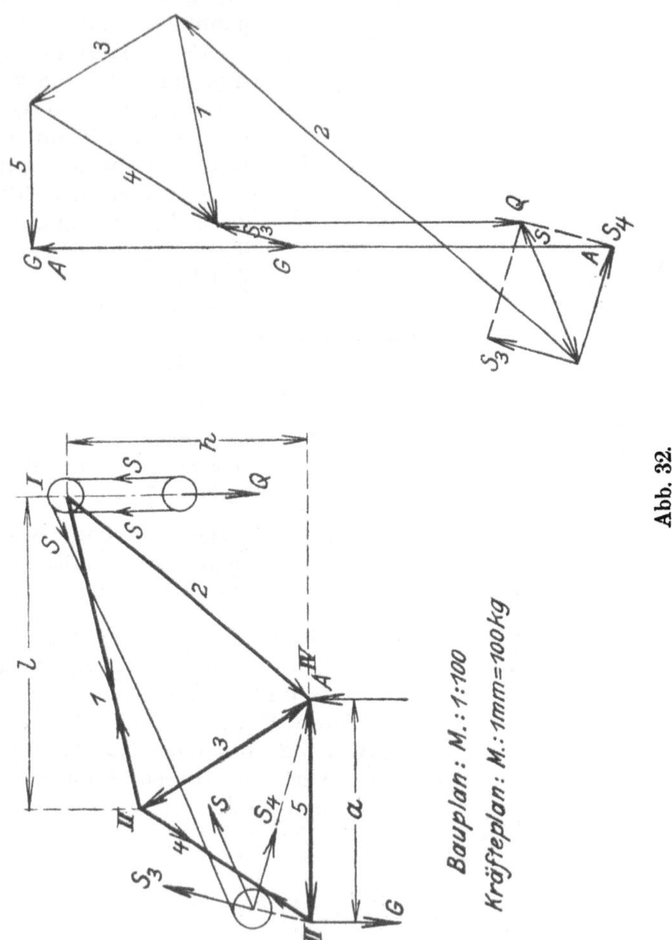

Abb. 32.

Das Eigengewicht der Stäbe, Schneelast und Winddruck seien hier vernachlässigt. Um diesen zusätzlichen Belastungen jedoch annähernd gerecht zu werden, werde der aus 2 Stabsystemen bestehende Kran (Abb. 32) als mit der Nutzlast

Q = 4000 kg für nur ein Stabsystem belastet angesehen. Die Spannung im Lastseil sei S kg, die an der Winde in die durch die Knotenpunkte III und IV gehenden Kräfte S_3 und S_4 zerlegt werde. Das Gegengewicht soll zur Erzielung einer geringen Baulänge ebenfalls im Knotenpunkt III angreifend gedacht sein. Vom Knotenpunkt I ausgehend ergibt sich dann unter Beachtung des im Abschnitt B, 4 Gesagten der Kräfteplan nach Abb. 32, indem man zunächst Q mit S, Stabkraft 1 und 2 ins Gleichgewicht bringt, d. h. ein geschlossenes Kräftepolygon bildet usw. Die Auswertung des Kräfteplanes gibt unter Benutzung des Kräftemaßstabes: 1 mm = 100 kg die nachfolgende Tabelle wieder:

Stab Nr.	Länge der Strecke in mm	Stabkraft in kg	Art der Spannung
1	29	+ 2900	Zug
2	71	— 7100	Druck
3	22,5	— 2250	„
4	30	+ 3000	Zug
5	20	— 2000	Druck
G	36	3600	—
A	77	7700	—

Über den weiteren Gang der Berechnung sowie der konstruktiven Durchbildung des Gerüstes siehe erste Aufgabe unter Abschnitt „Niete“ des ersten Teiles „Keil, Schraube, Niet“.

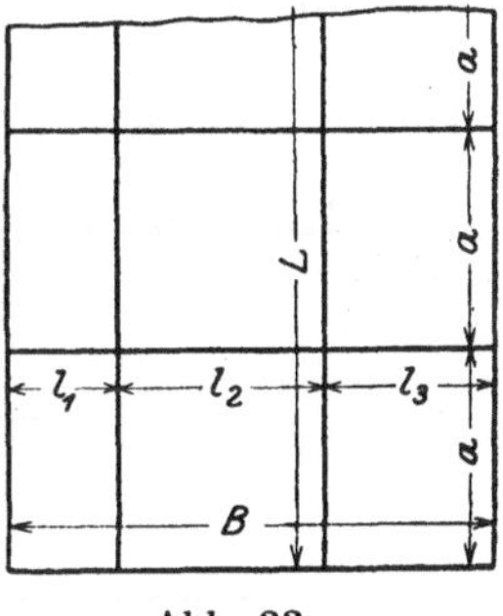

Abb. 33.

Aufgabe 4. Für eine Werkstatthalle mit der Breite B = 24 m und einer Länge L = 33 m soll die Bedachung unter Zugrundelegung eines Sheddaches mit Oberlicht berechnet werden. Die einzelnen Binder haben eine Spannweite von l = 6 m und einen Binderabstand a = 3 m voneinander (Abb. 17 u. Abb. 33). Wie groß sind die Stabkräfte des Binders unter Berücksichtigung von Wind- und Schneedruck?

Gewicht der Dachdeckung für die Oberlichtseite:

$$g' = 30 \text{ kg/qm Dachfläche,}$$

Gewicht der Dachdeckung für die Zinkdachseite:

$$g'' = 40 \text{ kg/qm Dachfläche,}$$

Dachneigungen auf der Oberlichtseite: $\alpha = 60^0$.

„ „ „ Zinkdachseite: $\beta = 30^0$.

Daraus berechnet sich die Nutzlast g_1 bzw. g'_1 nach Gleichung 5:

$$g_1 = \frac{g'}{\cos\alpha} = \frac{30}{0,5} = 60 \text{ kg/qm Grundfläche für Oberlichtseite,}$$

$$g'_1 = \frac{g''}{\cos\beta} = \frac{40}{0,5\cdot\sqrt{3}} = 46 \text{ kg/qm Grundfläche für Zinkdachseite.}$$

Gewicht des Binders geschätzt zu: $g_2 = 50$ kg/qm Grundfläche.

Für Schneelast und Winddruck seien besondere Kräftepläne entwickelt (Abb. 18 u. 18a); daher ist der Gesamtdruck für Nutzlast und Eigengewicht

$$p = g_1 + g_2 = 60 + 50 = 110 \text{ kg/qm Grundfläche der Oberlichtseite.}$$
$$p' = g'_1 + g_2 = 46 + 50 = 96 \text{ kg/qm Grundfläche der Zinkdachseite.}$$

Daraus folgen die Knotenpunktbelastungen nach Gleichung 10 für die

$$\text{Glasdachseite: } P = p\cdot a\cdot\lambda = 110\cdot 3\cdot\frac{1,5}{1} = 500 \text{ kg,}$$

$$\text{Zinkdachseite: } P' = p'\cdot a\cdot\lambda' = 96\cdot 3\cdot\frac{4,5}{2} = 650 \text{ kg.}$$

Durch Eigengewicht und Nutzlast werden belastet (Abb. 17):

Knotenpunkt	I	mit	$\frac{P}{2}$	$= 250$ kg,
„	II	„	$P_1 = \frac{P+P'}{2}$	$= 575$ kg,
„	III	„	$P_2 = P'$	$= 650$ kg,
„	IV	„	$P_3 = \frac{P'}{2}$	$= 325$ kg.

$$A + B = \frac{P}{2} + P_1 + P_2 + P_3 = 1800 \text{ kg.}$$

Bestimmung der Reaktionen A und B nach Gleichgewichtsbedingung II und III für Eigengewicht und Nutzlast (Abb. 17): $A + B = 1800$ kg.

$$A = \frac{1}{l}\cdot\left[\frac{P\cdot l}{2} + P_1\cdot(l_2 + l_3) + P_2\cdot l_3 + P_3\cdot 0\right]$$

$$= \frac{1}{6}\cdot(250\cdot 6 + 575\cdot 4,5 + 650\cdot 2,25 + 0) = \sim 925 \text{ kg,}$$

$$B = 875 \text{ kg.}$$

Bestimmung der Reaktionen A_1 und B_1 für Schneelast (Abb. 18):

$g_3 = O$ für Glasdachseite, da die Dachneigung über 50^0 beträgt,

$g'_3 = 75$ kg/qm für Zinkdachseite, da die Dachneigung unter 40^0 beträgt.

Nach Gleichung 10 ist:

$$S = g'_3 \cdot a \cdot \lambda' = 75 \cdot 3 \cdot \frac{4,5}{2} = \sim 500 \text{ kg},$$

$$S_1 = S_3 = \frac{S}{2} = 250 \text{ kg},$$

$$S_2 = 500 \text{ kg},$$

$$A_1 + B_1 = S_1 + S_2 + S_3 = 1000 \text{ kg},$$

$$A_1 = \frac{1}{l} \cdot [S_1 \cdot (l_2 + l_3) + S_2 \cdot l_3 + S_3 \cdot O]$$

$$= \frac{1}{6} \cdot (250 \cdot 4,5 + 500 \cdot 2,25 + O) = 375 \text{ kg},$$

$$B = 625 \text{ kg}.$$

Bestimmung des Winddruckes bei rechts- bzw. linksseitigem Wind (Abb. 18).

Nach Gleichung 3 und 4 ist: k = 150 kg/qm Grundfläche.

Für Rechtswind:

$$W' = k \cdot a \cdot \lambda' \cdot \frac{\sin^2 \cdot (\beta + 10^0)}{\cos \beta}$$

$$= k \cdot a \cdot \lambda' \cdot \frac{\sin^2 40^0}{\cos 30^0} = 150 \cdot 3 \cdot \frac{4,5}{2} \cdot \frac{0,415}{0,866} = 485 \text{ kg}.$$

Für Linkswind:

$$W = k \cdot a \cdot \lambda \cdot \frac{\sin^2 \cdot (\alpha + 10^0)}{\cos \alpha}$$

$$= k \cdot a \cdot \lambda \cdot \frac{\sin^2 70^0}{\cos 60^0} = 150 \cdot 3 \cdot \frac{1,5}{1} \cdot \frac{0,885}{0,5} = 1200 \text{ kg}.$$

Die Auflagerreaktionen für Linkswind A_l und B_l folgen graphisch durch Zerlegung von W nach den in Abb. 18 gegebenen Richtungen; für Rechtswind erhält man A_r und B_r durch Zerlegung von 2 W'. Die Stabkräfte ergeben sich dann durch Entwicklung des Cremonaplanes für Rechts- und Linkswind aus folgender Tabelle, in der auch die Gesamtspannungen der Stäbe aus allen Belastungen errechnet sind:

Tabelle der Stabspannungen.

Stab Nr.	Stabspannungen in Kilogramm infolge				Gesamtbelastung der Stäbe in Kilogramm
	Eigengewicht und Nutzlast	Linkswind	Rechtswind	Schneelast	
1	− 840	+ 100	− 530	− 460	− 1830
2	+ 455	− 600	+ 300	+ 240	~ + 1000
3	− 1575	− 250	− 950	− 920	~ − 3450
4	+ 1365	− 375	+ 1000	+ 840	~ + 3200
5	− 595	± 0	− 495	− 420	~ − 1500
6	− 1925	− 250	− 950	− 1160	− 4035
7	+ 1680	− 875	+ 1200	+ 1020	+ 3900

Aufgabe 5. Es ist eine ortsfeste Brücke für einen Laufdrehkran, dessen Eigengewicht mit $Q' = q_1 + q_2 = 8000$ kg und dessen Nutzlast $P = 4000$ kg beträgt, zu berechnen. Die Spannweite zwischen den Auflagern sei $L = 22\,000$ mm, die Länge der Kragarme $L' = 8000$ mm. Die Felder seien quadratisch mit einer Seitenlänge $h = 2000$ mm und die Höhe vom Auflagerpunkt bis zur Oberkante des Trägers sei $H = 6500$ mm. Die Diagonalen des Parallelträgers sowie der Kragarme sollen nur Zugspannungen erleiden. Das Gewicht der Brücke beträgt überschläglich gerechnet $G' = 350\,000$ kg.

Die Brücke ist ein Raumfachwerk, das sich in mehrere ebene Fachwerke zerlegen läßt; es setzt sich zusammen aus 2 Hauptträgern, von denen jeder $\frac{G'}{2} = 175\,000$ kg wiegt. Das Eigengewicht jedes Trägers verteilt sich auf 25 Knotenpunkte, von denen die Endpunkte der Kragarme nur mit der halben Last eines Knotenpunktes zu belasten sind; folglich

$$\text{Belastung pro Knotenpunkt: } G = \frac{175\,000}{25} = 7000 \text{ kg},$$

$$\text{Belastung pro Knotenpunkt am Ende des Kragarmes: } \frac{G}{2} = 3500 \text{ kg}.$$

Aus dem Eigengewicht ergeben sich die Auflagerdrücke $A = B = 175\,000$ kg, aus denen sich unter Berücksichtigung der auf die Knotenpunkte entfallenden Eigengewichte der Cremonaplan für Eigengewicht (Tafel I, 2) ergibt. Die Auswertung der hieraus erstehenden Stabspannungen ist nach Zug (+) und Druck (−) unterschieden in Tabelle 1 vermerkt.

Für die bewegliche Last, hervorgerufen durch die Bewegung des Laufkranes, sind besondere Kräftepläne unter Beachtung folgender Gesichtspunkte zu entwerfen. Das Gewicht des Laufkranes mit daranhängender Last beträgt $P + Q' = 12000$ kg. Im Falle des Kippens des Kranes nach der Seite wird ein Träger mit der ganzen Last von $Q = 12000$ kg belastet, muß daher diesem ungünstigsten Falle der Belastung gewachsen sein, d. h. die Brücke darf unter solcher Belastung nicht zusammenbrechen. Die Ober- und Untergurte erhalten die stärkste Belastung, wenn der Kran in der Mitte der Brücke steht, und man sich seine Last durch die Laufachsen in die beiden mittelsten Knotenpunkte übertragen denkt (Laststellung I). Die Maximalspannungen der Kragarme für Ober- und Untergurte erhält man, wenn der Kran auf sein äußerstes Ende geschoben wird, die Last also in den beiden äußersten Knotenpunkten angreifend gedacht wird (Laststellung III). Bei der Laststellung II erhält man die maximalen Stabkräfte der zum Auflager führenden Stäbe. Da die Diagonalen nur Zugspannungen ausgesetzt sein sollen, sind Flacheisen für die Diagonalen und Gegendiagonalen zu verwenden, wie vorher erläutert.

Den Cremonaplan für Eigengewicht entwickelt man so, daß man vom Auflager A und dem Endknotenpunkte des linken Kragarmes gleichzeitig mit der Bildung der Kräftepolygone beginnt. Bei der Entwicklung der Kräftepläne für Laststellung I und II führt dieses Verfahren nicht zum endgültigen Ziel. Vom Auflager A beginnend, gelangt man in beiden Fällen bis zum Knotenpunkt V, an dem die Stäbe 5, 11, 9 und 7 zusammenstoßen; von diesen sind die drei letzten unbekannt und sollen ermittelt werden, was, wie in Abschnitt B, 4 angeführt, mit Hilfe des Kräftepolygones unmöglich ist. In diesem Falle hilft nur das „Rittersche Verfahren" weiter, indem man ein Trägerstück abschneidet (Tafel I, 5) und auf dieses die drei Gleichgewichtsbedingungen anwendet.

Für die Stellung I ergibt sich dann nach Ablesung der Längenwerte aus dem Bauplan die Momentengleichung für B als Drehpunkt:

$$\Sigma M = A \cdot 0 + (11) \cdot x = 0;$$

daraus folgt, daß Stab 11 spannungslos ist. Es sind jetzt nach Feststellung der Spannungslosigkeit des Stabes 11 nur noch Stab 9 und 7 unbekannt, das Cremona-Verfahren kann also fortgesetzt werden, woraus sich zunächst die Stabkräfte 7 und 9 ergeben. Für die Laststellung II läßt sich folgende Momentengleichung für den Punkt C aufstellen, aus der Stab 11 abermals als spannungslos hervorgeht, mithin eine Fortsetzung des Verfahrens mit Hilfe des Kräftepolygons ermöglicht ist:

$$\Sigma M = A \cdot 0 + \frac{Q}{2} \cdot 0 + (11) \cdot x = 0.$$

Nachdem so die Kräftepläne für Eigengewicht und die drei Laststellungen entworfen sind, werden die Stabkräfte unter Berücksichtigung des jeweiligen Kräftemaßstabes zahlenmäßig nach Druck und Zug bestimmt, in die Tabelle 1 wie folgt eingetragen und daraus weiter die Gesamtresultierende für jeden Stab errechnet, die für den Querschnitt maßgebend ist.

Die Bestimmung der maximalen Kräfte in den Diagonalen läßt sich leichter rechnerisch nach der Formel:

$$D = \frac{A}{\sin \delta}$$

durchführen, nachdem für jede der 10 verschiedenen Laststellungen (s. Tabelle 2) die Auflagerreaktionen A entweder graphisch oder rechnerisch festgelegt worden sind. Für Laststellung I z. B. sind die Diagonale 30 und die Vertikale 32, die sich aus der Formel $V = -Q_1$ ergibt, am stärksten belastet; beide Formeln folgen aus der Anwendung des „Ritterschen Verfahrens". In der Tabelle 2 sind die Auflagerdrücke A für die 10 verschiedenen Laststellungen errechnet und daraus die Stabkräfte der entsprechenden Diagonalen bzw. Vertikalen bestimmt.

Alle Berechnungen treffen aber nur zu, wenn es sich um einen ebenen Träger handelt, d. h. um einen Träger, dessen sämtliche Stabmittellinien in einer Ebene liegen. Wie die Seitenansicht der Brücke zeigt, laden die Stäbe 1, 2, 4 und 5 aber seitlich aus; man muß also die hierfür bereits gefundenen Stabkräfte in Vertikale und Horizontale zerlegen oder algebraisch durch den Wert von $\cos \gamma$ dividieren, um die tatsächlichen Kräfte zu erhalten.

Tabelle Nr. 1.

Spalte 1		Spalte 2	Spalte 3	Spalte 4	Spalte 5	Spalte 6	
Nr. der Stäbe		Belastung in Kilogramm durch				Maximale Stabbelastung in Kilogramm	Bemerkungen
links	rechts	Eigengewicht	Laststellung I	Laststellung II	Laststellung III		
1	79	— 50 000	— 3 700	— 6 400	— 9 000	— 59 000	
2	78	— 50 000	— 3 700	— 6 400	— 9 000	— 59 000	
3	77	+ 16 500	+ 1 500	+ 2 000	+ 2 400	+ 18 900	
4	76	— 37 500	— 3 100	— 5 800	— 8 200	— 45 700	
5	74	— 37 500	— 3 100	— 5 800	— 8 200	— 45 700	

Tabelle Nr. 1 (Fortsetzung).

Spalte 1		Spalte 2	Spalte 3	Spalte 4	Spalte 5	Spalte 6	
Nr. der Stäbe		Belastung in Kilogramm durch				Maximale Stabbelastung in Kilogramm	Bemerkungen
links	rechts	Eigengewicht	Laststellung I	Laststellung II	Laststellung III		
6	75	± 0	± 0	± 0	± 0	± 0	
7	73	— 15 000	+ 1 700	+ 3 000	— 22 000	— 37 000	
8	70	+ 6 500	— 3 200	— 5 700	+ 18 000	+ 24 500	
9	69	+ 8 000	— 3 200	— 5 700	+ 26 200	+ 34 200	
10	71	— 41 500	± 0	± 0	— 30 200	— 71 700	
11	72	— 42 000	± 0	± 0	— 30 200	— 72 200	
12	68	— 16 000	± 0	± 0	— 18 000	— 34 000	
13	67	— 3 500	+ 8 500	+ 7 600	— 40 000	— 43 000	
14	81	+ 32 000	± 0	± 0	+ 30 000	+ 62 000	
15	65	+ 22 500	— 6 000	— 5 400	+ 38 500	+ 61 000	
16	64	— 28 000	— 6 000	— 5 400	— 4 000	— 34 000	
17	61	— 5 000	— 12 000	— 4 800	+ 34 400	+ 29 400	
18	62	+ 39 500	+ 8 500	— 800	+ 5 800	+ 52 700	
19	63	— 22 500	+ 6 000	+ 5 400	— 38 500	— 61 000	
20	60	— 21 000	— 6 000	— 6 000	— 4 000	— 27 000	
21	57	— 26 500	— 18 000	— 4 100	+ 30 500	— 44 500	
22	58	+ 30 000	+ 8 500	+ 800	+ 5 800	+ 41 600	
23	59	+ 5 000	+ 12 000	+ 4 800	— 34 500	— 30 000	
24	56	— 14 000	— 6 000	— 600	— 4 000	— 20 000	
25	53	— 40 000	— 24 000	— 3 500	+ 26 500	— 64 000	
26	54	+ 19 500	+ 8 500	+ 800	+ 5 800	+ 29 000	
27	55	+ 26 000	+ 18 000	+ 4 100	— 30 400	+ 44 000	
28	52	— 6 500	— 6 000	— 600	— 4 000	— 13 500	
29	49	— 46 000	— 30 000	— 2 900	+ 22 500	— 76 500	
30	50	+ 9 000	+ 8 500	+ 800	+ 5 800	+ 14 800	
31	51	+ 40 000	+ 24 000	+ 3 500	— 26 500	+ 64 000	
32	36	± 0	— 6 000	— 600	— 4 000	— 6 000	
33	—	— 46 500	— 30 000	— 2 300	+ 18 500	— 76 500	
34	37	± 0	± 0	+ 800	+ 5 800	+ 5 800	
35	—	+ 46 500	+ 30 000	+ 2 900	— 22 500	+ 76 500	
36	—	—	—	—	—	—	
37	—	—	—	—	—	—	
38	80	— 17 500	± 0	± 0	— 12 000	— 29 500	
39	81	+ 14 000	± 0	± 0	+ 18 000	+ 32 000	
40	82	+ 25 000	± 0	± 0	+ 17 000	+ 42 400	

Tabelle Nr. 1 (Fortsetzung).

Spalte 1		Spalte 2	Spalte 3	Spalte 4	Spalte 5	Spalte 6	
Nr. der Stäbe		Belastung in Kilogramm durch				Maximale Stabbelastung in Kilogramm	Bemerkungen
links	rechts	Eigengewicht	Laststellung I	Laststellung II	Laststellung III		
41	83	— 32 000	± 0	± 0	— 30 000	— 62 000	
42	84	— 10 500	± 0	± 0	— 12 000	— 22 500	
43	85	+ 3 500	± 0	± 0	+ 6 000	+ 9 500	
44	86	+ 15 000	± 0	± 0	+ 17 000	+ 34 000	
45	87	— 14 000	± 0	± 0	— 18 000	— 32 000	
46	88	± 0	± 0	± 0	— 6 000	— 6 000	
47	89	+ 3 500	± 0	± 0	+ 6 000	+ 9 500	
48	90	— 5 000	± 0	± 0	— 8 600	— 13 600	

Tabelle Nr. 2.

Spalte 1	Spalte 2	Spalte 3	Spalte 4	Spalte 5	Spalte 6		Spalte 7		Spalte 8
Nr. der Laststellung	Auflagerdruck in Kilogramm		Beanspruchung in Kilogramm		Nr. der am stärksten belasteten				Bemerkungen
	im Punkte A	im Punkte B	der Diagonalen D	der Vertikalen V	Diagonalen		Vertikalen		
					links	rechts	links	rechts	
I.	6 000	6 000	+ 8 500	— 6 000	30	50	32	36	Steigungswinkel der Diagonalen $\delta = 45^{\circ}$
II.	11 400	600	+ 16 100	— 6 000	12	68	16	64	
III.	15 700	— 3 700	+ 22 000	—	44	86	46	88	
IV.	7 000	5 000	+ 9 900	— 6 000	26	54	28/32	36/52	
V.	8 200	3 800	+ 11 600	— 6 000	22	58	24/28	52/56	
VI.	9 300	2 700	+ 13 200	— 6 000	18	62	20/24	56/60	
VII.	10 400	1 600	+ 14 700	— 6 000	13	67	16/20	60/64	
VIII.	12 300	— 300	+ 17 400	— 6 000	40	82	38	80	
IX.	13 400	— 1 400	+ 19 000	— 6 000	44	86	38/42	80/84	
X.	14 800	— 2 800	+ 21 000	— 6 000	48	90	42/46	84/88	

Aufgabe 6. Für die in Abb. 34 bis 37 gegebenen Belastungsfälle sind die Momentenflächen sowie die Querkraftdiagramme zu entwerfen.

Der nach Abb. 34 belastete Balken ergibt unter Anwendung des unter Abschnitt C, 4 und 5 Gesagten eine hinterschnittene Momentenfläche. Aus dem Querkraftdiagramm folgt, daß bei einer derartigen Belastung zwei Biegungsmaxima auftreten, ein positives und ein negatives; das eine liegt unter der Last P_1, das andere im rechten Auflager B. Im Querschnitt C ist die Biegungsordinate Null, d. h. die Flächen des Querkraftdiagrammes F_1 und F_2 sind gleich; daraus folgt, daß das Vorzeichen für die Biegungsordinaten rechts von C positiv, links davon negativ sein müssen, die elastische Linie hat hier also ihren Wendepunkt.

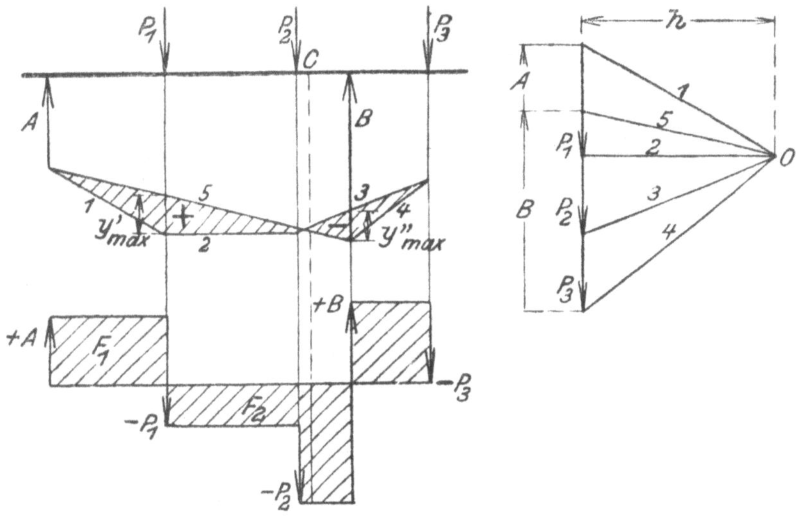

Abb. 34.

Die indirekt wirkende Last Q (Abb. 35) wird durch die Zwischenträger auf den Balken AB übertragen; sie zerfällt in die Einzellasten Q_1, Q_2, Q_3, Q_4 und Q_5, die alle gleich groß sind. Da $A = B = \frac{Q}{2}$ ist, findet man zunächst eine Momentenfläche für die als direkt angreifende Einzellasten gedachten Teilkräfte Q_1, Q_2, Q_3, Q_4 und Q_5, die von 3, 5, 7, 9, 11 und Teilen von 1 und 2 umschlossen ist. Zieht man nun die Momentenflächen der Zwischenträger ab — das sind die kleinen Dreiecke — so erhält man die Momentenfläche der indirekten, stetigen Last, die von den Seillinien 3, 4, 6, 8, 10, 12 gebildet wird. V_1 bis V_6 geben die direkten Belastungen des Balkens

Q=
Q1 + Q2 + Q3 + Q4 + Q5
A
B
V1
V2
V3
V4
V5
V6
h
O
3=8

Abb. 35.

A
Q
B
III
III'
II
II'
I
I'
IV

A
B
Q
O
h

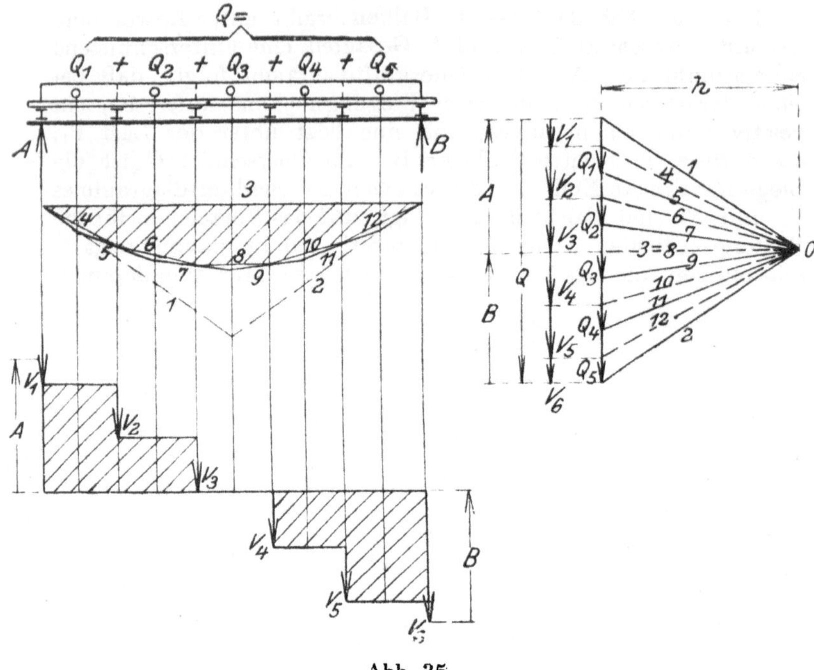

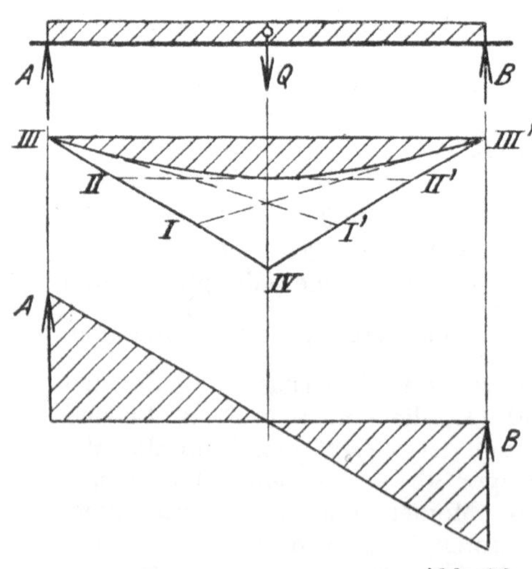

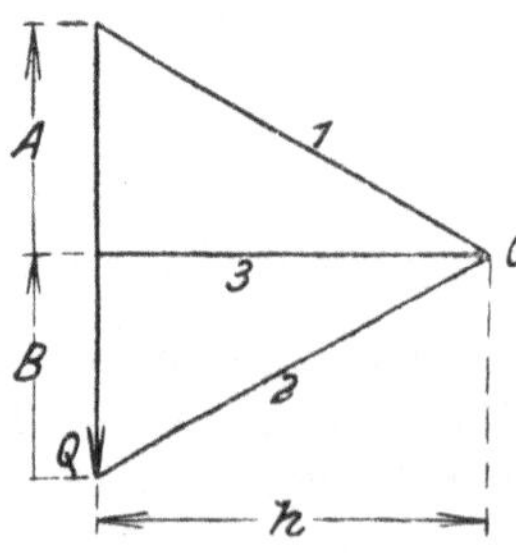

Abb. 36.

durch Q an, aus denen das Querkraftdiagramm zu entwerfen ist; dieses zeigt keinen Nullpunkt, sondern eine Linie, in der die Querkraft Null ist, d. h. das maximale Biegungsmoment liegt zwischen dem dritten und vierten Zwischenträger und ist an jeder Stelle gleich groß.

Eine direkte, gleichmäßig verteilte Last Q (Abb. 36) im Schwerpunkt als Einzellast angreifend gedacht, würde die Momentenfläche III — III' — IV ergeben. Denkt man sich nun Q

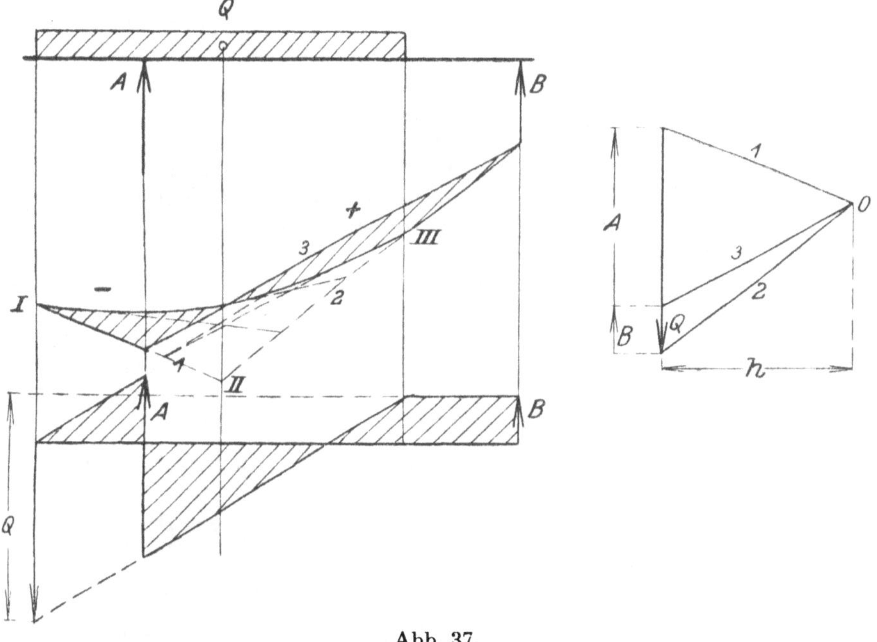

Abb. 37.

in mehrere Einzellasten zerlegt, so würde man statt der einen Ecke IV der Momentenfläche ebensoviele Eckpunkte erhalten wie Einzellasten. Wird $n = \infty$, so geht das n-Eck in eine Kurve, und zwar eine Parabel, über, die zwischen den Strecken III—IV und III'—IV als Tangenten liegt; die Punkte III und III' sind die Berührungspunkte. Die Konstruktion weiterer Parabeltangenten ist aus der Abb. 36 ersichtlich.

In dem in Abb. 37 dargestellten Belastungsfall tritt unter Anwendung des unter Abschnitt C, 4 und 5 Gesagten wieder eine hinterschnittene Momentenfläche auf mit zwei maximalen

Biegungsmomenten, entsprechend den zwei Nullpunkten im Querkraftdiagramm, von denen das eine im Auflager A, das andere zwischen den Auflagern A und B liegen muß. Die Parabel ist zwischen den Tangenten I—II und II—III mit den Punkten I und III als Berührungspunkten zu konstruieren.

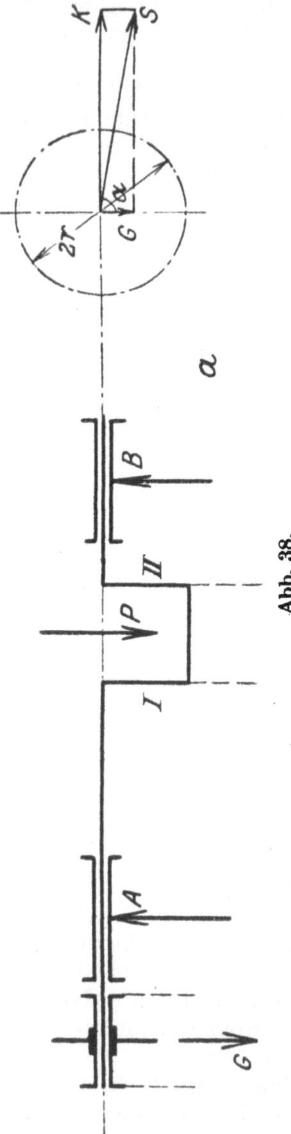

Abb. 38.

Aufgabe 7. Für einen stehenden Einzylinder-Explosionsmotor ist die gekröpfte Kurbelwelle zu berechnen (Abb. 38, a). Gegeben:

Zylinderdurchmesser $d_1 = 170$ mm,
Kolbenhub $s = 2r = 220$ mm,
Tourenzahl $n = 475$ Umdr./min.,
Durchm. des Schwungrades D $= 1100$ mm,
Gewicht des Schwungrades G $= 400$ kg als Riemenscheibe mit horizontalen Zug ausgebildet,
Zünddruck $p = 20$ at.

Die maximale Kolbenkraft rechnet sich zu:

$$P_{max} = \frac{\pi d_1^2}{4} \cdot p = \frac{\pi \cdot 17^2}{4} \cdot 20$$

$$= 227 \cdot 20 = 4540 \text{ kg}.$$

Die Umfangskraft K′, am Schwungrad hervorgerufen durch den Riemenzug, läßt sich aus dem Tangentialdruckdiagramm herleiten. Hier sei jedoch mit erhöhter Sicherheit überschläglich:

$$K' = \frac{P_{max} \cdot r}{R} = \frac{4550 \cdot 11}{55}$$

$$= \sim 900 \text{ kg}$$

gesetzt und der Achsdruck $K = 3 \cdot K' = 2700$ kg angenommen.

Die Kraft K und das Gewicht des Schwungrades haben nun denselben Angriffspunkt, können also zu der resultierenden

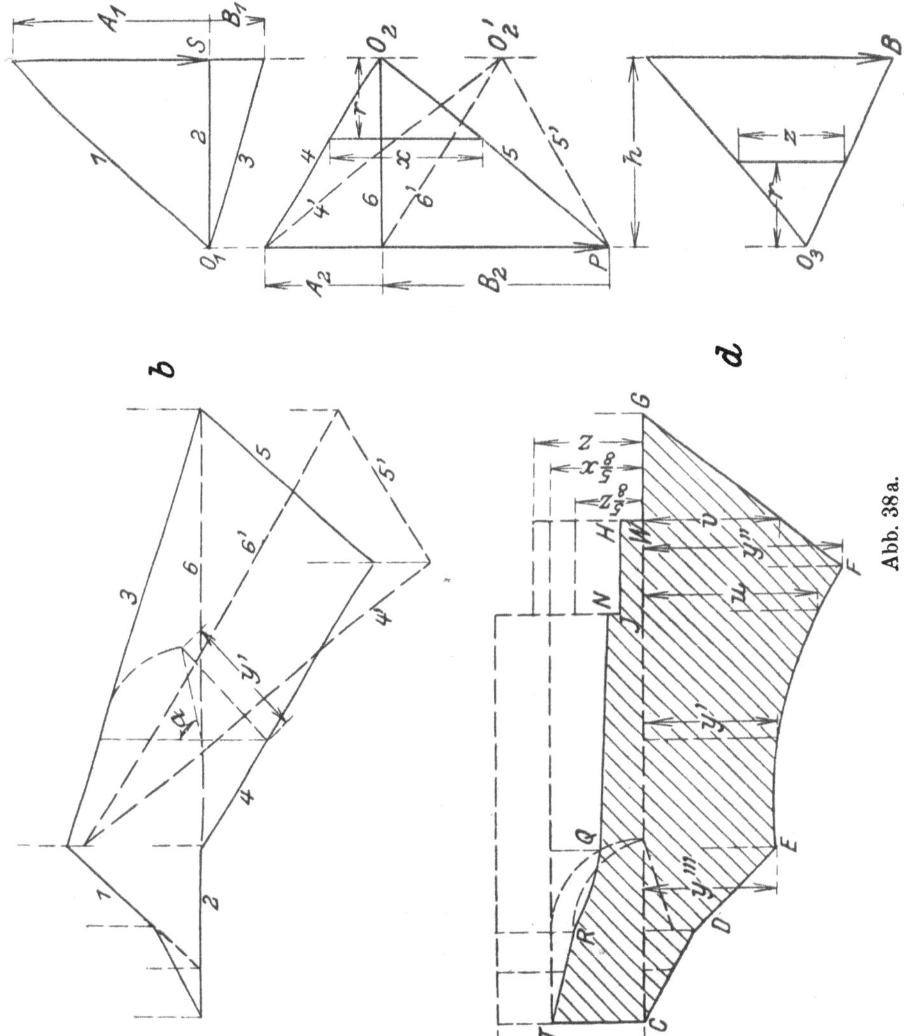

Abb. 38a.

Kraft S zusammengesetzt werden (Abb. 38, a), die die Auflagerdrücke A_1 und B_1, sowie die Momentenfläche, die von den Seillinien 1, 2 und 3 umschlossen wird, erzeugt. Die Kraft P ruft die Momentenfläche, die von den Seillinien 4', 5' und 6' bzw. 4, 5 und 6 begrenzt wird, und die Auflagerdrücke A_2 und B_2 hervor. Die Auflagerdrücke A_1 und B_1, sowie A_2 und B_2 nach Größe und Richtung zusammengesetzt, ergeben die resultierenden maximalen Auflagerdrücke A und B (Abb. 38 b, c) und die Biegungsmomentenflächen von P und S die resultierende Momentenfläche CDEFG (Abb. 38 a, d) nach dem in Abschitt C, 7 erörterten Verfahren, Zur Erläuterung sei noch das Folgende bemerkt: Das kleine Dreieck (Abb. 38 a, b) im Bereiche der Schwungradnabe ist dadurch entstanden, daß das Gewicht des

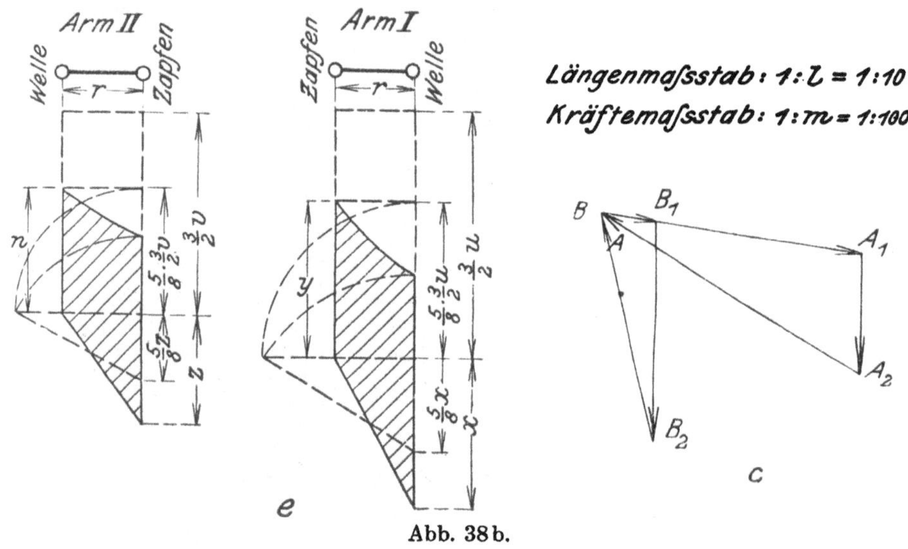

Abb. 38 b.

Schwungrades nicht allein als Einzelkraft angenommen ist, sondern als Einzelkraft zuzüglich einer sich gleichmäßig verteilenden Kraft, deren Wert geschätzt ist und auf die Länge der Radnabe in Wirkung tritt. Damit wird den tatsächlichen Verhältnissen mit großer Annäherung Rechnung getragen. Aus dieser Momentenfläche kann man für jede beliebige Stelle den notwendigen Wellendurchmesser, z. B. den Kurbelzapfendurchmesser, unter Berücksichtigung

des Längenmaßstabes $1:l = 1:10$, d. h. 1 mm in der Längenausdehnung des Diagrammes entspricht 10 mm der Wirklichkeit, und des Kräftemaßstabes 1 : m = 1 : 100, d. h. 1 mm = 100 kg folgendermaßen berechnen:

$$M_b = W \cdot k_b = 0{,}1 \cdot d^3 \cdot k_b = y \cdot h \cdot m \cdot l \text{ mm/kg} \quad \text{oder}$$

$$M_b = \frac{y \cdot h \cdot m \cdot l}{10} \text{ cm/kg}.$$

$$d = \sqrt[3]{\frac{y \cdot h \cdot m \cdot l}{10 \cdot 0{,}1 \cdot k_b}} = \sqrt[3]{\frac{h \cdot m \cdot l}{10 \cdot 0{,}1 \cdot k_b}} \cdot \sqrt[3]{y} = \text{const} \cdot \sqrt[3]{y}.$$

Die Konstante bestimmt sich zahlenmäßig für $k_b = 1000$ kg/qcm für diesen Fall:

$$\text{const} = \sqrt[3]{\frac{25 \cdot 100 \cdot 10}{10 \cdot 0{,}1 \cdot 1000}} = 2{,}92.$$

Für die Kurbelzapfenmitte ist hier $y'' = 25$ mm, folglich:

$$d = 2{,}92 \cdot \sqrt[3]{25} = 2{,}92 \cdot 2{,}92 = 85 \text{ mm}.$$

Im Lager A muß entsprechend einem $y''' = 17$ mm sein:

$$d = 2{,}92 \cdot 2{,}57 = 75 \text{ mm}.$$

Durch Auftragen des auf h bezogenen Drehmomentes und durch Addition nach Gleichung 13 und Abb. 28/29 erhält man die Fläche des ideellen Momentes CDEFGWHINQRT (Abb. 38, a, d). Dabei ist zu beachten, daß zwischen dem linken Auflager A und dem Kurbelarm I das Biegungsmoment $M_b = x$ wirkt, während auf den Kurbelzapfen $M_d = z$ und zwischen Arm II und dem Auflager B kein Drehmoment auftritt. Die Formel für das ideelle Biegungsmoment lautet bei rechteckigem Querschnitt:

$$M_i = \tfrac{3}{8} M_b + \tfrac{5}{8} \cdot \sqrt{M_b^2 + (1{,}5\,M_d)^2} \quad \text{(siehe Abschnitt C, 8).}$$

Aus der Momentenfläche für den Kurbelarm I (Abb. 38 b, e) ergibt sich die Höhe des Kurbelarmes zu:

$$M_b = W \cdot k_b = \frac{b \cdot H^2}{6} \cdot k_b = \frac{y \cdot h \cdot m \cdot l}{10},$$

folglich: $$H = \sqrt{\frac{6 \cdot h \cdot m \cdot l}{10 \cdot b \cdot k_b}} \cdot \sqrt{y} = \text{const} \cdot \sqrt{y}.$$

Die Konstante ermittelt sich bei $k_b = 500$ kg/qcm und einer Kurbelarmbreite b = 55 mm:

$$\text{const} = \sqrt{\frac{6 \cdot 25 \cdot 100 \cdot 10}{10 \cdot 5{,}5 \cdot 500}} = 2{,}34.$$

Daraus folgt die Höhe des Armes I:

in der Mitte des Zapfens für y = 21 mm zu $H_I = 2{,}34 \cdot \sqrt{21} = 108$ mm,

„ „ „ „ Armes „ y = 25 mm zu $H_I' = 2{,}34 \cdot \sqrt{25} = 117$ mm.

Am Kurbelarm II betragen dieselben Werte für die gleichen Stellen:

für y = 25 mm $H_{II} = 2{,}34 \cdot \sqrt{25} = 117$ mm,

„ y = 19 mm $H_{II}' = 2{,}34 \cdot \sqrt{19} = 102$ mm.

Alle diese errechneten Werte sind Mindestwerte, die im allgemeinen mit Rücksicht auf die Formgebung größer ausgeführt werden müssen.

II. Diagramme.

A. Reduktion der Dampfdruckdiagramme.

Eine der wichtigsten graphischen Aufgaben, die im Maschinenbau vorliegen, ist die Kräftebestimmung am Kurbeltrieb, der für den Maschinenbauer insofern von großer Bedeutung ist, da fast alle Maschinen die Zylinderleistung mit Hilfe des Kurbeltriebes auf die Kurbelwelle übertragen und so erst ihre Kraft nutzbar gemacht werden kann. Die Lösung dieser Aufgabe gibt Aufschluß über die Größe und Art der Kräfte und ihre Verteilung am Kurbeltrieb. Obwohl sie auch trigonometrisch lösbar ist, führt hier die graphische Methode doch zu einem schnelleren und übersichtlicheren Ziele. Die Diagramme dienen praktisch nicht nur zur Berechnung der Leistung, sondern auch zur Kontrolle der Arbeitsweise der Maschine.

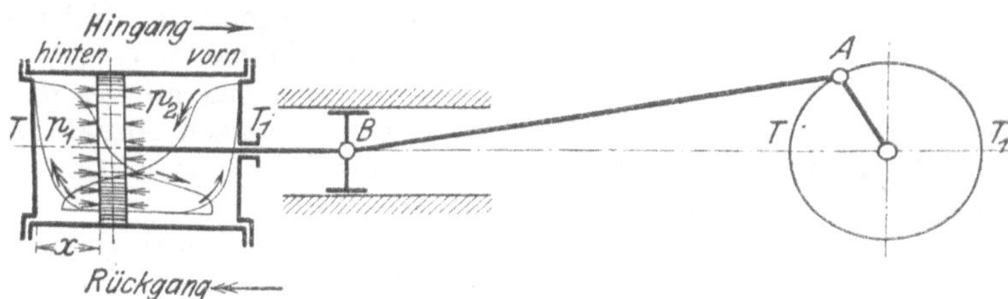

Abb. 39.

Die Wirkungsweise einer Kolbendampfmaschine darf als genügend bekannt vorausgesetzt werden; zur Bestimmung einiger Begriffe sei nur noch erwähnt, daß der Kolben den Zylinderraum in zwei Räume, die sich dauernd in ihrer Größe ändern, teilt, den Raum auf der Deckelseite oder hinter dem Kolben und den Raum auf der Kurbelseite oder vor dem Kolben (Abb. 39). Der Totpunkt T wird äußerer, T_1 innerer Totpunkt genannt. Unter dem Hingang der Maschine versteht man den

Weg, den der Kreuzkopf bzw. der Kurbelpunkt A (Abb. 39) zurücklegt, wenn er sich vom Zylinder der Maschine entfernt. Hierbei kann sich A je nach der Drehrichtung der Maschine über den oberen oder den unteren Halbkreis bewegen. Sind besondere Angaben über die Drehrichtung nicht gemacht, wie in Abb. 39, ist Rechtsdrehung anzunehmen. Entsprechend nähern sich beim **Rückgang** Kreuzkopf und Kurbelpunkt A wieder dem Zylinder der Maschine, wobei wiederum A je nach der Drehrichtung den unteren oder den oberen Kurbelhalbkreis durchläuft. Auf dem Kolbenhingang vom linken zum rechten Totpunkt (TT_1) wächst der Raum auf der Deckelseite, und damit sinkt nach dem Mariotteschen Gesetz die Dampfspannung (Expansion), auf der Kurbelseite jedoch bewirkt das Kleinerwerden des Volumens ein Steigen der Spannung (Kompression); beim Rückgang kehrt sich die Wirkung auf beiden Seiten um. Trägt man nun die Dampfspannung in Abhängigkeit von dem Kolbenwege auf, so wird dadurch der obige Vorgang graphisch dargestellt entsprechend der allgemeinen Funktionsgleichung $y = f_{(x)}$, in der y die Ordinate und x die Abszisse ist. Diese sich ergebenden Schaubilder (Abb. 39) heißen **Dampfdruckdiagramme**. Sie werden durch Aufzeichnung mittels des Indikators (Indikatordiagramme) gewonnen oder nach Annahme der Dampfverteilungspunkte (Abb. 40) den Neukonstruktionen von Dampfmaschinen zugrunde gelegt.

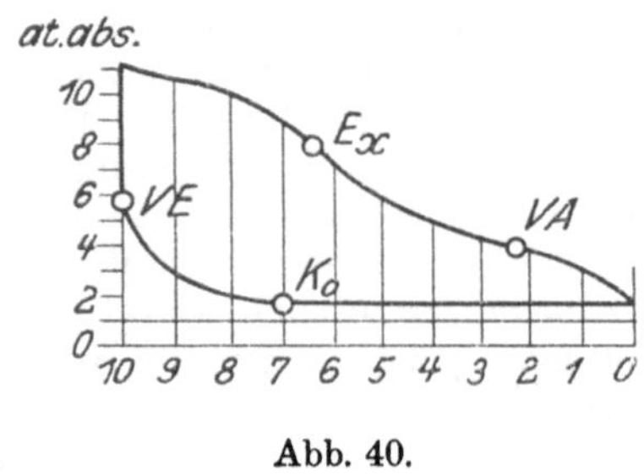

Abb. 40.

Aus der schematischen Darstellung (Abb. 41) ist die Wirkungsweise des Indikators ersichtlich. Er hat den Zweck, den Kräftevorgang im Innern des Arbeitszylinders selbsttätig aufzuzeichnen, um die Berechnung der im Zylinder geleisteten Arbeit zu ermöglichen. Der Anschlußstutzen A verbindet den Dampfzylinder mit dem Indikator, dessen Kolben K durch den Dampfdruck angetrieben wird; die auf der Kolbenstange sitzende Feder F_1 wird gleichzeitig dadurch verlängert, der Schreibstift S am Ende des um O drehbaren Hebelwerkes hebt oder senkt sich je nach der Größe der Spannung. Das Hebelwerk vergrößert die geringen Längenänderungen der Feder F_1, und es muß die Eigenschaft haben, trotz der Drehung um O in S **gerade**, senkrechte Linien zu zeichnen, daher seine Ausbildung als **Ellipsenlenker**. Die

Verlängerungen der Feder F_1 sind proportional den Spannungen im Zylinder. Der Schreibstift S zeichnet seine vertikalen Bewegungen auf der Trommel T auf, die sich durch Ziehen an der Schnur S_1 um ihre Vertikalachse dreht und durch die Feder F_2 stets wieder in ihre Ruhelage zurückgebracht wird. Die Bewegung der Papiertrommel T muß proportional dem Kolbenwege erfolgen, wenn die Aufzeichnung der Spannung in Anhängigkeit

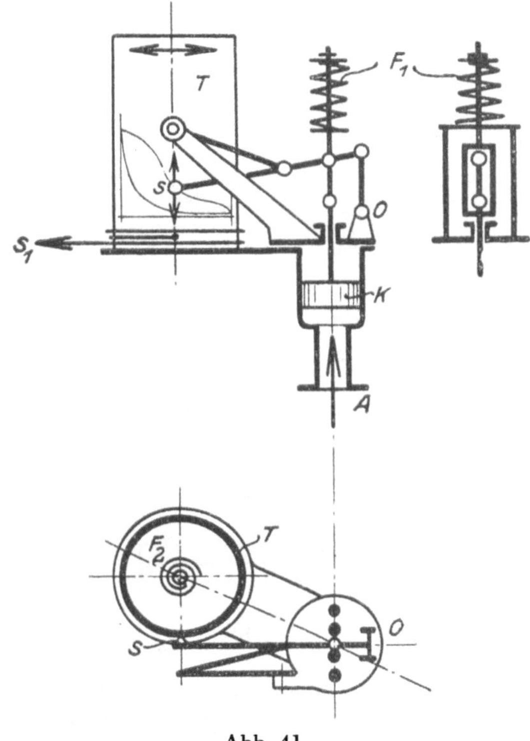

Abb. 41.

vom Kolbenwege verwirklicht werden soll. Diesem Zwecke dienen die Hubverminderer. So entsteht das Indikatordiagramm, das für jede beliebige Kolbenstellung den zugehörigen Dampfdruck anzeigt.

Die Diagrammlänge, die dem Kolbenwege entspricht, wird meist 100 mm bis höchstens 130 mm gemacht, während die Dampfspannungen, die in Atmosphärendrücken (at oder kg/qcm)

als Druckmaß angegeben werden, im Schaubild im Federmaßstab verzeichnet werden. Darunter ist die Verlängerung der Indikatorfeder bei 1 at als Maßstab für die Aufzeichnung der Drücke im Diagramm zu verstehen; z. B.: Federmaßstab 1,5 mm = 1 at, dann ist die Ordinate a für 9 at a = 9 · 1,5 = 13,5 mm lang (Abb. 42).

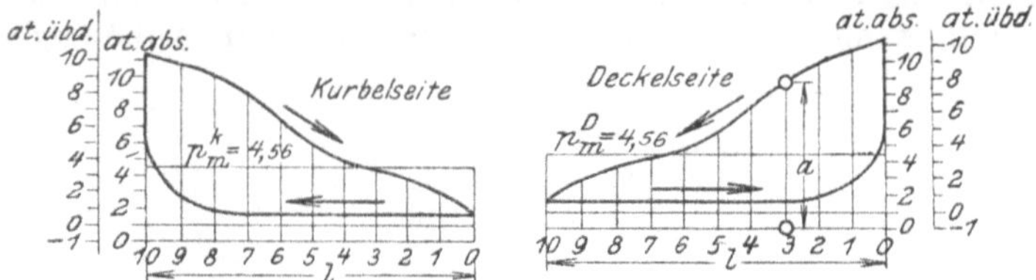

Abb. 42.

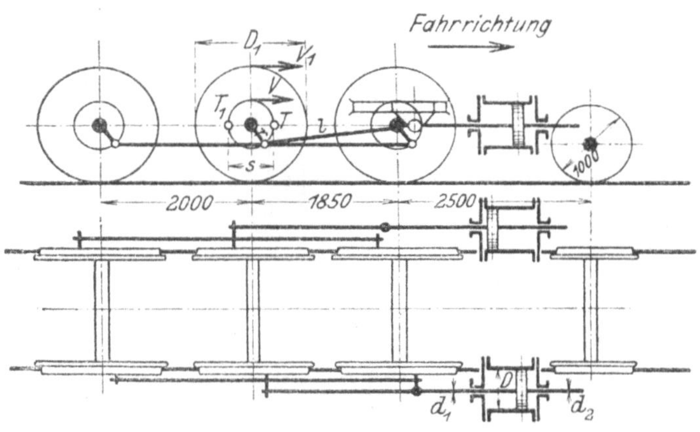

Abb. 43.

Nennt man allgemein den Federmaßstab f, den Dampfdruck p und die zugehörige Ordinate a, so besteht die Beziehung:

$$p \cdot f = a.$$

$$p = \frac{a}{f} \text{ kg/qcm.} \qquad \text{(Gl. 14)}$$

Wird p wie hier von der Abszissenachse gemessen, die die absolute Nullinie heißt, so bezeichnet man ihn als absoluten Druck (at abs.). Eine at über diesem liegt der atmosphärische Luftdruck als Druck 1, der dem Gewicht einer Quecksilbersäule von 735,5 mm oder einer Wassersäule von 10 m entspricht und die Maßeinheit darstellt. In den Diagrammen bezeichnet man ihn dadurch, daß man die atmosphärische Linie zieht. Wählt man den atmosphärischen Luftdruck als Ausgangs- oder Nullpunkt für die Messung, so heißen die ermittelten Spannungen Überdrücke (at übd.); in Abb. 42 sind beide Maßstäbe zum Vergleich nebeneinander gesetzt, und es ergibt sich z. B. 1 at abs. = 0 at übd. In allen Diagrammen sind stets absolute Drücke zu nehmen, worauf besonders zu achten ist.

Abb. 42 zeigt die Indikatordiagramme einer 1—C Tenderlokomotive, Abb. 43 die schematische Anordnung der Maschine mit folgenden Abmessungen:

Zylinderdurchmesser:	$D =$	540 mm,
Kolbenhub:	$s =$	630 mm,
Kolbenstangendurchmesser auf der Kurbelseite:	$d_1 =$	90 mm,
„ „ „ Deckelseite:	$d_2 =$	55 mm,
Triebraddurchmesser:	$D_1 =$	1500 mm,
Schubstangenverhältnis:	$\frac{r}{l} =$	$\frac{1}{6}$.

Die beiden gleichen Zylinder arbeiten unter Versetzung von 90° auf die Kurbelwelle; die Diagramme sind bei einer Fahrtgeschwindigkeit von $V_1 = 60$ km/std. aufgenommen worden.

Die gegebene Diagrammlänge $l = 30$ mm soll nun auf eine neue Länge $l' = 37{,}5$ mm und der Federmaßstab $f = 1{,}5$ mm auf einen neuen Federmaßstab $f' = 2{,}5$ mm = 1 at reduziert werden. Zu diesem Zweck teilt man die Diagramme in Abb. 42 durch 11 Ordinaten in 10 gleich breite Flächenstreifen, so daß jeder Streifen die Breite $\frac{l}{10}$ hat; ebenso ist die neue Länge l' in 10 gleiche Streifen zu unterteilen, Streifenbreite $\frac{l'}{10}$, wodurch die Reduktion auf die neue Diagrammlänge (Abb. 44) vollzogen ist. Nach Gl. 14 ist:

$$p = \frac{a}{f} \text{ kg/qcm.}$$

Die Änderung des Federmaßstabes f in f' bedingt die Änderung der Ordinate a in a', und es ist $p = \frac{a}{f} = \frac{a'}{f'}$, d. h. die Ordinaten verhalten sich wie die zugehörigen Federmaßstäbe. Daraus folgt:

$$a' = a \frac{f'}{f} \text{ mm.} \qquad \text{(Gl. 15)}$$

In Abb. 42 ist z. B. a = 13,5 mm, f = 1,5 mm und f′ = 2,5 mm, folglich:

$$a' = a\frac{f'}{f} = 13{,}5 \cdot \frac{2{,}5}{1{,}5} = 22{,}5 \text{ mm (Abb. 44).}$$

Das gegebene Diagramm (Abb. 42) soll nun auf absolute Kolbendrücke bei der Länge l' reduziert werden. Während bisher in den Diagrammen nur Atmosphärendrücke (kg/qcm) als

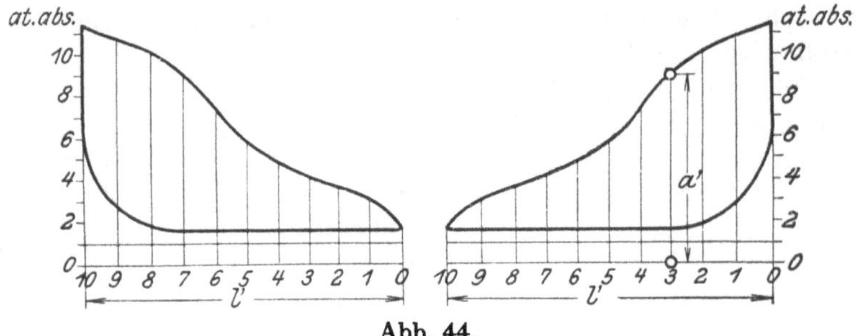

Abb. 44.

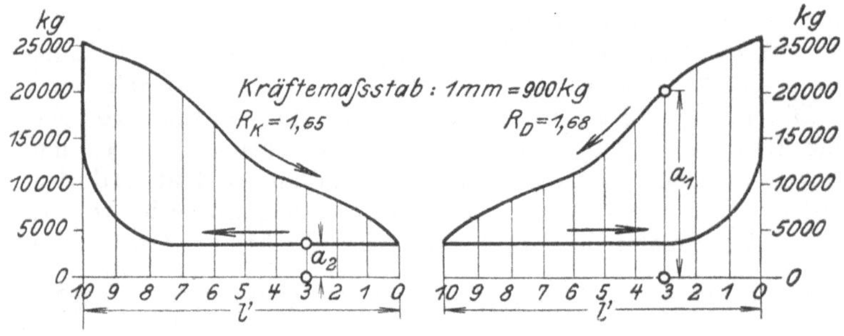

Abb. 45.

Druckmaß verwendet wurden, wird jetzt gefordert, daß Kolbendrücke oder die Kolbenkräfte (kg) dem Maßstab zugrunde gelegt werden. Die Kolbenkraft ist:

$$P = F_w \cdot p \text{ kg,} \tag{Gl. 16}$$

worin F_w qcm die wirksame Kolbenfläche unter Abzug der durchgehenden Kolbenstangenquerschnitte zu verstehen ist, da diese Flächen für die Einwirkung des Dampfes verloren gehen. Die Kolbendrücke sollen nun graphisch im Kräftemaßstab k, z. B. 1 mm = 900 kg, dargestellt werden; für die reduzierte Ordinate a_1 (Abb. 45) folgt:

$$P = a_1 \cdot k \text{ kg} \tag{Gl. 17}$$

und aus Gl. 16 und 17:

$$a_1 \cdot k = F_w \cdot p.$$

Der Wert für p aus Gl. 14 eingesetzt ergibt:

$$a_1 = a \cdot \frac{F_w}{f \cdot k} \text{ mm.} \qquad \text{(Gl. 18)}$$

Der Quotient $\frac{F_w}{f \cdot k}$ heißt der Reduktionsfaktor R, und er ist:

$$R = \frac{F_w}{f \cdot k}. \qquad \text{(Gl. 19)}$$

Man erhält also das gesuchte Diagramm absoluter Kolbendrücke ohne weiteres, wenn man die gegebenen Ordinaten a mit dem Reduktionsfaktor multipliziert. In dem angeführten Beispiel ist dann:

$$\text{für die Kurbelseite: } R_K = \frac{\frac{\pi}{4} \cdot 54^2 - \frac{\pi}{4} \cdot 9^2}{1{,}5 \cdot 900} = 1{,}65,$$

$$\text{für die Deckelseite: } R_D = \frac{\frac{\pi}{4} \cdot 54^2 - \frac{\pi}{4} \cdot 5{,}5^2}{1{,}5 \cdot 900} = 1{,}68.$$

B. Die Bewegungsverhältnisse am Kurbeltrieb.

1. Bestimmung des Kolbenweges.

Der Kolbenweg berechnet sich aus seiner Kurbelstellung für einen beliebigen Punkt des Hinganges zu:

$$x = TC = TD + DC \text{ (Abb. 46)}$$
$$= r \cdot (1 - \cos\alpha) + l \cdot (1 - \cos\beta).$$

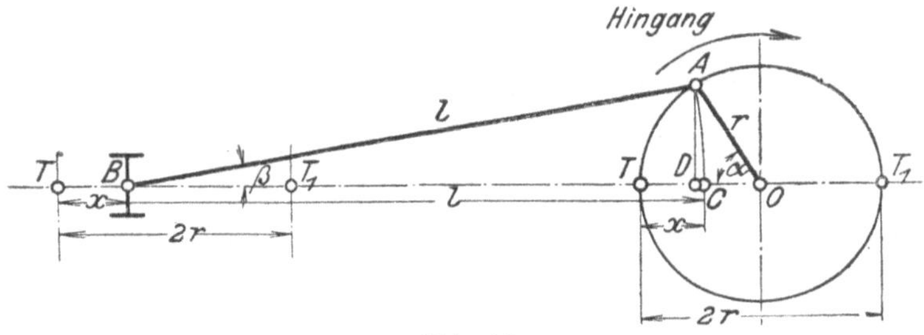

Abb. 46.

Da nun $\cos\beta = \sqrt{1 - \sin^2\beta}$ und $\sin\beta = \frac{r}{l} \cdot \sin\alpha$ ist, so ist bei Einsetzen dieser Werte in obige Gleichung:

$$x = r \cdot (1 - \cos\alpha) + l \cdot \left(1 - \sqrt{1 - \left(\frac{r}{l} \cdot \sin\alpha\right)^2}\right).$$

Dieser Wert gilt für den Hingang des Kreuzkopfes B von T nach T_1, während der Kurbelzapfen A von T nach T_1 sich über den oberen Halbkreis bewegt. Für den **Rückgang** bestimmt sich analog:

$$x = T_1\,C = T_1\,D - DC \text{ (Abb. 47)}$$

$$= r \cdot (1 - \cos\alpha) - l \cdot \left(1 - \sqrt{1 - \left(\frac{r}{l} \cdot \sin\alpha\right)^2}\right),$$

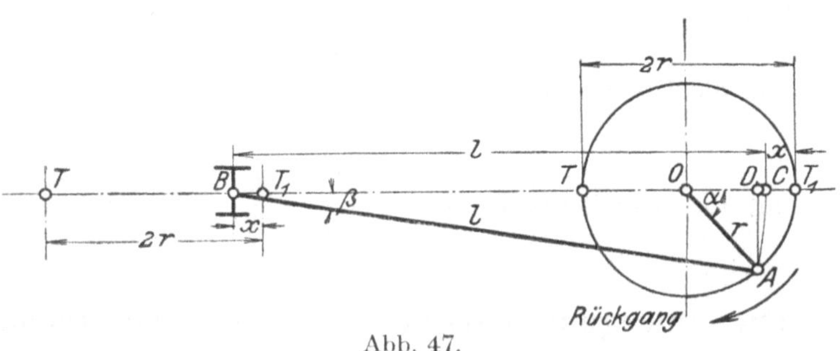

Abb. 47.

wobei der Kreuzkopf von T_1 nach T zurückgeht, während der Kurbelzapfen A seinen Weg von T_1 nach T über den untern Halbkreis nimmt. Für Hin- und Rückgang gilt dann allgemein die Formel:

$$x = r \cdot (1 - \cos\alpha) \pm l \cdot \left(1 - \sqrt{1 - \left(\frac{r}{l} \cdot \sin\alpha\right)^2}\right). \quad \text{(Gl. 20)}$$

Zur Vereinfachung des Wurzelausdruckes in Gl. 21 kann man unter Anwendung des Binomischen Lehrsatzes setzen:

$$\sqrt{1 - \left(\frac{r}{l} \cdot \sin\alpha\right)^2} = 1 - \frac{1}{2} \cdot \left(\frac{r}{l} \cdot \sin\alpha\right)^2 - \frac{1}{8} \cdot \left(\frac{r}{l} \cdot \sin\alpha\right)^4 - \cdots$$

Für ein normales Schubstangenverhältnis für ortsfeste Dampfmaschinen von $\frac{r}{l} = \frac{1}{5}$ und für den Höchstwert $\sin\alpha = \sin 90^\circ = 1$ ergibt sich dann:

$$\sqrt{1-\left(\frac{r}{l}\cdot\sin\alpha\right)^2}=1-\frac{1}{50}-\frac{1}{5000}-\cdots=$$
$$=1-0{,}02-0{,}0002-\cdots$$

Das dritte Glied kann, da gegenüber eins schon sehr klein, vernachlässigt werden, wodurch Gl. 20 in die einfachere Form übergeht:

$$x=r\cdot(1-\cos\alpha)\pm\frac{1}{2}\,l\cdot\left(\frac{r}{l}\cdot\sin\alpha\right)^2. \qquad \text{(Gl. 21)}$$

Subtrahiert man den Hingang vom Rückgang, so ergibt das Resultat den Wegunterschied u:

$$u=l\cdot\left(\frac{r}{l}\cdot\sin\alpha\right)^2, \qquad \text{(Gl. 22)}$$

der proportional der Schubstangenlänge l und proportional dem Quadrat des Schubstangenverhältnisses wächst. Es rechnet sich z. B. der Wegunterschied für $r = 300$ mm, $\lambda=\frac{r}{l}=\frac{1}{5}$, $\sin 90^0 = 1$ und $l = 1500$ mm zu:

$$u = 1500\left(\tfrac{1}{5}\,1\right)^2 = 1500\cdot\tfrac{1}{25} = 60 \text{ mm};$$

wählt man jedoch ein Schubstangenverhältnis von $\frac{r}{l}=\frac{1}{4}$, so ist:

$$u = 1200\left(\tfrac{1}{4}\right)^2 = 75 \text{ mm}.$$

Daraus ist ersichtlich, daß der Wegunterschied bei kleinerem Schubstangenverhältnis größer, also ungünstiger wird, was praktisch unerwünscht ist. Es werden daher im allgemeinen für die verschiedenen Zwecke folgende Schubstangenverhältnisse ausgeführt:

$$\lambda=\frac{r}{l}=\frac{1}{5} \text{ für stationäre Dampfmaschinen,}$$

$$\lambda=\frac{r}{l}=\frac{1}{4}-\frac{1}{4{,}5} \text{ für Schiffsmaschinen,}$$

$$\lambda=\frac{r}{l}=\frac{1}{6}-\frac{1}{7} \text{ für Lokomotiven.}$$

Für $l=\infty$, d. h. $\frac{r}{l}=0$ gehen die Schubstangenkreisbogen AC in Abb. 46 und 47 in senkrechte, gerade Linien über und die Schubstange läuft parallel zur Horizontalachse (Abb. 48). Die

Gleichungen 20 und 21 vereinfachen sich demgemäß zu folgender Form:

$$x = r \cdot (1 - \cos\alpha). \qquad \text{(Gl. 23)}$$

Die graphische Konstruktion zur Bestimmung des Kolbenweges ist die folgende: man schlage (Abb. 49) vom linken Kreuzkopftotpunkt T als Mittelpunkt mit der Schubstangenlänge l als Radius einen Kreisbogen TT′ für den Hingang und ebenso von $T_1T'_1$ für den Rückgang. Für die beliebige Kurbelstellung OA unter dem Kurbelwinkel α_1 bestimmt sich der zugehörige Kolbenweg x als horizontale Strecke AC; denn AC ist gleich A′T und die Strecke A′T entspricht TC der Abb. 46 Ebenso ermitteln sich die Kolbenwege x_1, x_2, x_3 usw. für die zugehörigen Kurbelstellungen. Bei den Stellungen OA und OA_1 unter den gleichen Drehwinkeln α_1

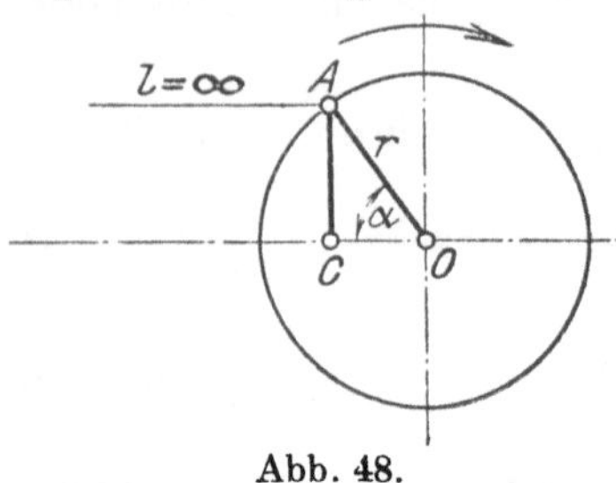

Abb. 48.

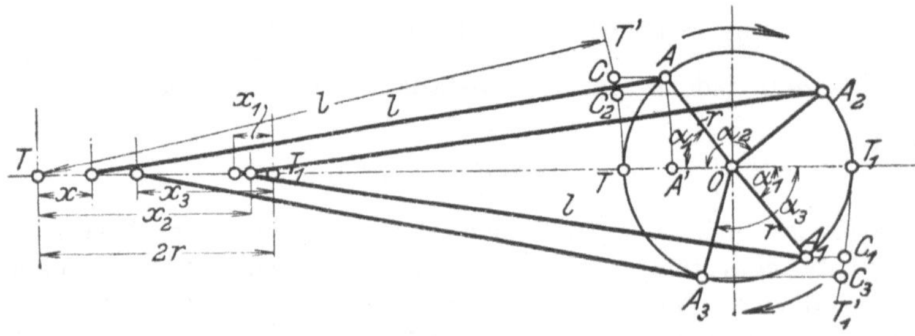

Abb. 49.

zeigt sich augenfällig, daß der beim Hingang zurückgelegte Weg x größer ist als der beim Rückgange (Abb. 49), was schon aus den Gleichungen 20 und 21 hervorging.

2. Die Kolbengeschwindigkeit.

Die Geschwindigkeit ist das Differential des Weges nach der Zeit, d. i. hier $c = \frac{dx}{dt}$ (Abb. 50). Unter Einsetzung des Wertes für x aus Gleichung 21 ist:

$$c = r \cdot \sin\alpha \frac{d\alpha}{dt} \pm \frac{l}{2}\left(\frac{r}{l}\right)^2 \cdot 2 \cdot \sin\alpha \cos\alpha \frac{d\alpha}{dt}$$

$$= r \cdot \sin a \frac{d\alpha}{dt} \pm \frac{1}{2}\frac{r^2}{l} \cdot \sin 2\alpha \frac{d\alpha}{dt}.$$

$\frac{d\alpha}{dt}$ ist die Winkelgeschwindigkeit ω am Radius 1, mit der der

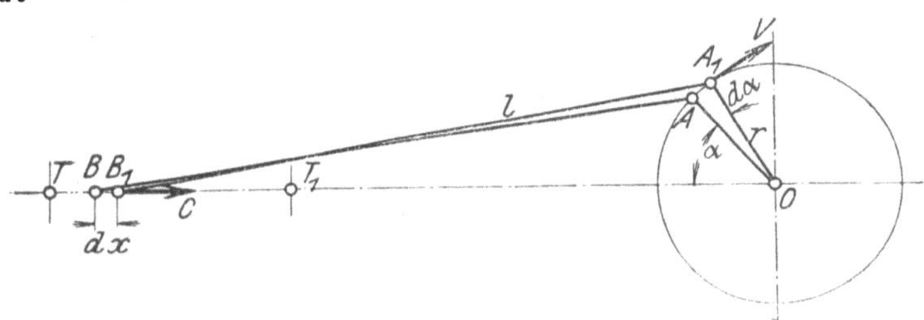

Abb. 50.

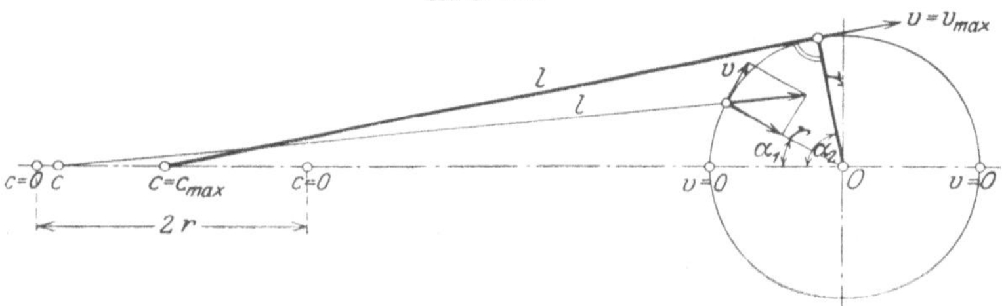

Abb. 51.

Kurbelzapfen A in der Zeit t umläuft; die Kurbelzapfengeschwindigkeit v am Radius r ist:

$$v = r \cdot \omega \text{ m/sek.} \qquad \text{(Gl. 24)}$$

v in die Gleichung für c eingesetzt, ergibt:

$$c = v \cdot \left(\sin\alpha \pm \frac{1}{2} \cdot \frac{r}{l} \cdot \sin 2\alpha\right) \text{ m/sek.} \qquad \text{(Gl. 25)}$$

Das Maximum der Kolbengeschwindigkeit c_{max} liegt für $\frac{r}{l} = \frac{1}{5}$ bei einem Kurbelwinkel $\alpha = 79^\circ 16'$ auf dem Hingange und bei $\alpha = 100^\circ 44'$ auf dem Rückgange. In diesen beiden Fällen steht die Schubstange auf dem Kurbelradius senkrecht. Denkt man sich einen Kurbeltrieb ohne Schwungrad, so ist c in seiner Größe proportional v, wird $c = c_{max}$, muß auch $v = v_{max}$ werden. Auf diese Überlegung stützt sich der Beweis. Nach Abb. 51 ist bei einer beliebigen Kurbelstellung (α_1) die Umfangsgeschwindigkeit v nur eine Komponente. Die Geschwindigkeit v wird zur Resultierenden und erreicht ihren Höchstwert und gleichzeitig auch $c = c_{max}$, wenn v in die Richtung der Schubstange fällt. Dies ist aber nur möglich, wenn die Schubstange auf dem Kurbelradius senkrecht steht (α_2). Zur schnelleren Ermittlung dieser Kurbelstellung bedient sich Esselborn in seinem „Lehrbuch des Maschinenbaues" einer sehr einfachen Konstruktion. Man errichtet (Abb. 52) im Punkte T_1 ein Lot $T_1 B_1 = l$ und

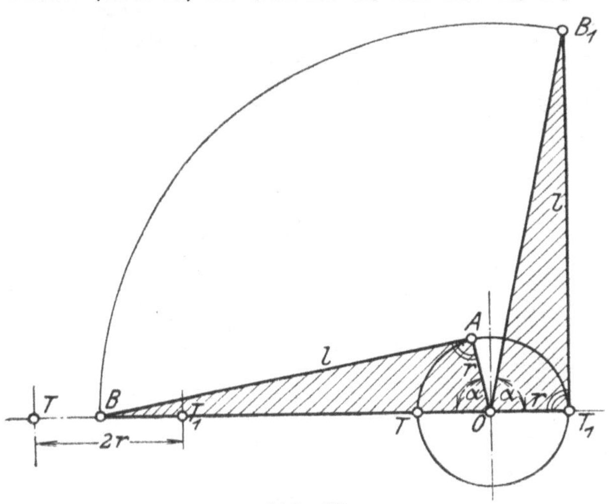

Abb. 52.

verbindet B_1 mit O. Dreht man nun das Dreieck OT_1B_1 um O bis OB_1 auf OB fällt, so decken sich die beiden Dreiecke und bei A muß ein rechter Winkel entstehen, da auch bei T_1 ein rechter Winkel konstruiert war.

Die maximale Kolbengeschwindigkeit wird, wenn man die dem Maximum entsprechenden Winkel einsetzt, für $\frac{r}{l} = \frac{1}{5}$:

$$c_{max} = 1{,}02\,v \text{ m/sek bei } v = \frac{2 \cdot \pi \cdot r \cdot n}{60} \text{ m/sek,}$$
$$c_{max} = 1{,}6\, c_m \text{ m/sek,}$$

wenn $c_m = \frac{2 \cdot s \cdot n}{60}$ m/sek die mittlere Kolbengeschwindigkeit bedeutet. Aus den beiden Gleichungen für v und c_m ergibt sich

$$\frac{v}{c_m} = \frac{\pi}{2}. \qquad \text{(Gl. 26)}$$

Die graphische Darstellung der Kolbengeschwindigkeit läßt sich nach Abb. 53 folgendermaßen durchführen. Errichtet man in den Punkten B und A auf den Geschwindigkeiten c und v die Senkrechten und bringt sie im Punkte C zum Schnitt, so kann die Bewegung der Schubstange AB, deren Endpunkte die Geschwindigkeiten c und v besitzen, in dieser Kurbelstellung für unendlich kleine Wege als eine Drehung um den Punkt C aufgefaßt werden.

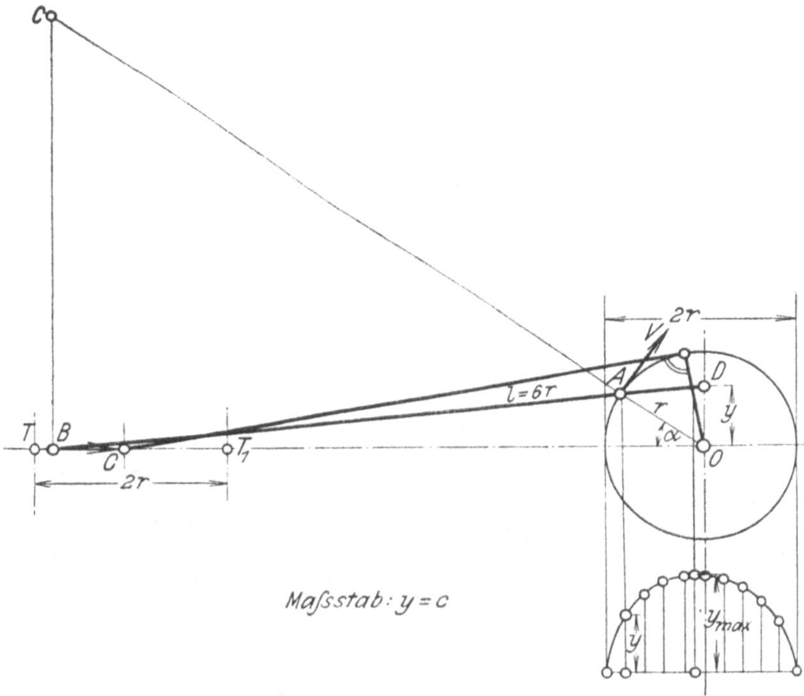

Abb. 53.

gefaßt werden. Die Geschwindigkeiten c und v verhalten sich dann wie ihre Abstände vom Drehpunkt C; es ist daher:

$$c : v = BC : AC,$$

und Dreieck ABC ähnlich ADO, mithin:

$$c : v = OD : OA = y : r \qquad \text{(Gl. 27)}$$

oder

$$c = \frac{v}{r} \cdot y = \omega \cdot y; \qquad \text{(Gl. 28)}$$

für konstante Winkelgeschwindigkeit ist c abhängig von der Veränderlichkeit von y. In dem angeführten Beispiel der Lokomotive (Abb. 43) ergibt sich eine Umfangsgeschwindigkeit am Treibrad $D_1 = 1500$ mm:

$$v_1 = \frac{60\,000}{3600} = 16{,}7 \text{ m/sek};$$

weiter folgt die Kurbelzapfengeschwindigkeit:

$$v = v_1 \cdot \frac{s}{D_1} = 16{,}7 \cdot \frac{630}{1500} = 7 \text{ m/sek}$$

und

$$\frac{v}{r} = \frac{7}{0{,}315} = 22{,}2,$$

$$c = 22{,}2\, y,$$

d. h. der jeweilige Wert von y aus der Konstruktion ist mit 22,2 zu multiplizieren, um den zugehörigen Wert von c zu erhalten. In diesem Falle werden die Ordinaten der c-Kurve außerordentlich lang; da sich dieser große Maßstab hierfür nicht eignet, sei ein beliebiger neuer Maßstab, in dem man v = r wählt, eingeführt, woraus sich $\frac{v}{r} = 1$ und $c = y$ ergibt. Für die Kurbelstellung A ergibt sich die Größe von y nach Abb. 53, die dann in das darunterliegende Geschwindigkeitsdiagramm für diese Kurbelstellung einzuzeichnen ist. Ferner bestätigt das Diagramm für die maximale Kolbengeschwindigkeit die Bedingung, Schubstange senkrecht zum Kurbelradius. Die resultierende Kurve ist eine gedrückte Ellipse.

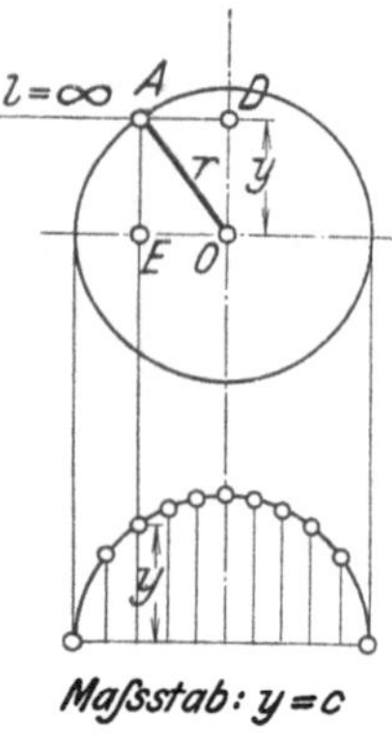

Abb. 54.

Bei unendlich langer Schubstange wird y = AE (Abb. 54) und damit das Lot vom Kurbelpunkt A auf die Horizontalachse. Auch hier gilt die Gleichung 28, y muß daher mit $\frac{v}{r}$ multipliziert werden. Die c-Kurve ist eine regelmäßige Ellipse (Abb. 54). Die Geschwindigkeitskurven zeigen, daß die Kolbengeschwindigkeit in den Totpunkten null ist. Von da nimmt der Kolben eine beschleunigte Bewegung bis zum Geschwindigkeitsmaximum kurz vor Hubmitte an, um dann wieder seine Bewegung zu verzögern bis zur Ankunft am Totpunkt.

3. Die Kolbenbeschleunigung.

Die Kolbenbeschleunigung ist das Differential der Kolbengeschwindigkeit nach der Zeit, mithin:

$$p = \frac{dc}{dt} = \omega^2 \cdot r \left(\cos\alpha \pm \frac{r}{l}\cos 2\alpha\right) \text{ m/sek}^2$$

oder
$$p = \frac{v^2}{r} \cdot \left(\cos\alpha \pm \frac{r}{l} \cdot \cos 2\alpha\right) \text{ m/sek}^2. \qquad \text{(Gl. 29)}$$

Auch hier gilt das positive Vorzeichen für den Hingang, das negative für den Rückgang. Von besonderer Wichtigkeit ist die Bestimmung des Beschleunigungswertes in den Totpunkten. Der Hingang beginnt mit dem Kurbelwinkel $\alpha = 0^\circ$, im Beispielsfalle im rechten Totpunkt, und es ergibt sich nach Gleichung 29:

$$p_0 = \frac{v^2}{r} \cdot \left(\cos 0^\circ + \frac{r}{l} \cdot \cos 0^\circ\right) = \frac{v^2}{r} \cdot \left(1 + \frac{r}{l}\right)$$

$$p_0 = \frac{v^2}{r} \cdot (1 + \lambda) \text{ m/sek}^2 \text{ (Beschleunigung).} \qquad \text{(Gl. 30)}$$

Der Hingang endet im linken Totpunkt mit dem Kurbelwinkel $\alpha = 180^\circ$, folglich:

$$p_{180} = -\frac{v^2}{r} \cdot (1 - \lambda) \text{ m/sek}^2 \text{ (Verzögerung),} \qquad \text{(Gl. 31)}$$

worin das Minuszeichen im Gegensatz zu vorher die Verzögerung andeutet. Aus Gleichung 30 und 31 ist ersichtlich, daß $p_0 > p_{180}$ ist. Analog ergibt sich für den Rückgang $\alpha = 0^\circ$ im linken Totpunkt und $\alpha = 180^\circ$ im rechten Totpunkte:

$$p_0 = \frac{v^2}{r} \cdot (1 - \lambda) \text{ m/sek}^2 \text{ (Beschleunigung),} \qquad \text{(Gl. 32)}$$

$$p_{180} = -\frac{v^2}{r} \cdot (1 + \lambda) \text{ m/sek}^2 \text{ (Verzögerung).} \qquad \text{(Gl. 33)}$$

Zählt man nun die Kurbelwinkel von 0° bis 360° durch, so ergibt sich folgende Tabelle:

$p_0 = \frac{v^2}{r} \cdot (1 + \lambda)$	Beschleunigung	Hingang.
$p_{180} = -\frac{v^2}{r} \cdot (1 - \lambda)$	Verzögerung	
$p_{180} = \frac{v^2}{r} \cdot (1 - \lambda)$	Beschleunigung	Rückgang.
$p_0 = -\frac{v^2}{r} \cdot (1 + \lambda)$	Verzögerung	

Diese 4 Werte sind Maximalwerte, d. h. es sind Höchstwerte für Beschleunigung und Verzögerung bei Hin- und Rückgang. Das angeführte Zahlenbeispiel liefert hier folgende Größen:

$$p_0 = \frac{v^2}{r} \cdot (1+\lambda) = \frac{7^2}{0{,}315}\left(1+\frac{1}{6}\right) \cdot 155{,}5 \cdot \left(1+\frac{1}{6}\right) = 181{,}5 \text{ m/sek}^2,$$

$$p_{180} = \frac{v^2}{r} \cdot (1-\lambda) = 155{,}5 \cdot \left(1-\frac{1}{6}\right) = 129{,}7 \text{ m/sek}^2.$$

In Abb. 55 sind die 4 Beschleunigungen in den Totpunkten im Sinne der vorstehenden Tabelle eingezeichnet, und zwar bedingen Beschleunigungen einen Arbeitsaufwand, um eine Bewegung von Massen hervorzurufen und sind daher negativ, Verzögerungen im Gegensatz dazu sind positiv aufzutragen. Als Maßstab wurde gewählt: 1 cm = 150 m/sek²; für die Beschleunigungsordinaten erhält man also:

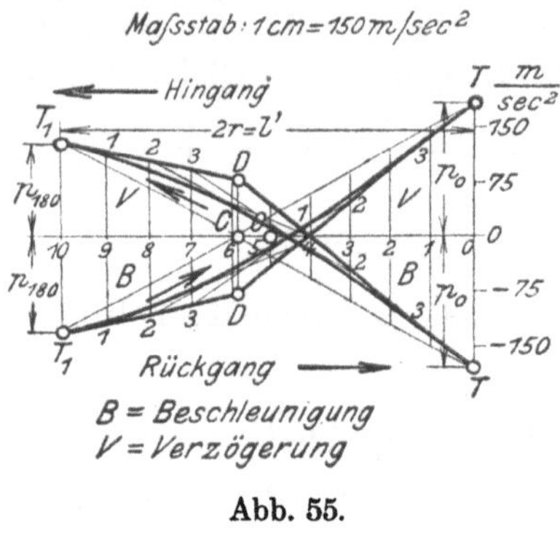

Abb. 55.

$$p_0 = \frac{181{,}5}{150} = 1{,}21 \text{ cm},$$

$$p_{180} = \frac{129{,}7}{150} = 0{,}865 \text{ cm}.$$

Für unendlich lange Schubstange nimmt Gl. 29 die Form an:

$$p_0 = p_{180} = \frac{v^2}{r} \text{ m/sek}^2, \qquad \text{(Gl. 34)}$$

d. h. Beschleunigung und Verzögerung sind gleich, die Beschleunigungsparabel geht in eine gerade Linie über und schneidet die Horizontale in der Mitte im Punkte O (Abb. 56). Für das Beispiel der Lokomotive ist dann:

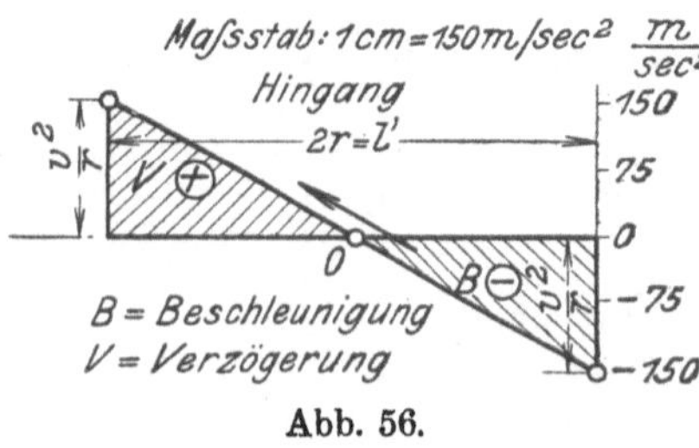

Abb. 56.

$$p_0 = p_{180} = 155{,}5 \text{ m/sek}^2 = \frac{155{,}5}{150} = 1{,}04 \text{ cm},$$

Die Beschleunigungskurven (Abb. 55 und 56) bilden mit der Horizontalen je 2 Flächen, die wie Abb. 56 besonders zeigt, für die aufgewandte Beschleunigung und die Verzögerung gleich sind, d. h. es ist weder Energie verloren gegangen noch gewonnen worden, was als Kriterium für die Richtigkeit der Konstruktion der Kurve gilt.

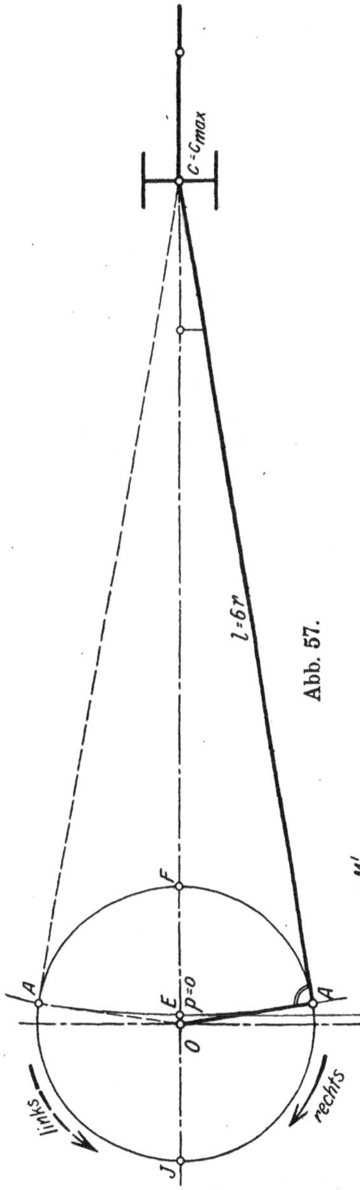

Setzt man in Gl. 29 $p = 0$, so erhält man die obengenanten Kurbelwinkel für die maximale Kolbengeschwindigkeit, nämlich $\alpha = 79^{0}\,16'$ für Hingang und $\alpha = 100^{0}\,44'$ für Rückgang. Der Verlauf der Beschleunigungskurve (Abb. 55) zeigt, daß beim Überführen von Massen aus der Ruhe ($c = 0$, $p = p_{max}$) in die Bewegung am stärksten im Totpunkt beschleunigt werden muß; sobald aber Bewegung vorhanden ist und diese ständig zunimmt (c wachsend, p abnehmend), kann die Beschleunigung geringer werden, bis sie bei größter Geschwindigkeit aufhört ($c = c_{max}$, $p = 0$). Nun verwandelt sich die Beschleunigung in eine Verzögerung, da die Masse gebremst werden muß; denn im Totpunkt tritt ein momentaner Stillstand, also Richtungswechsel, ein.

Abb. 57.

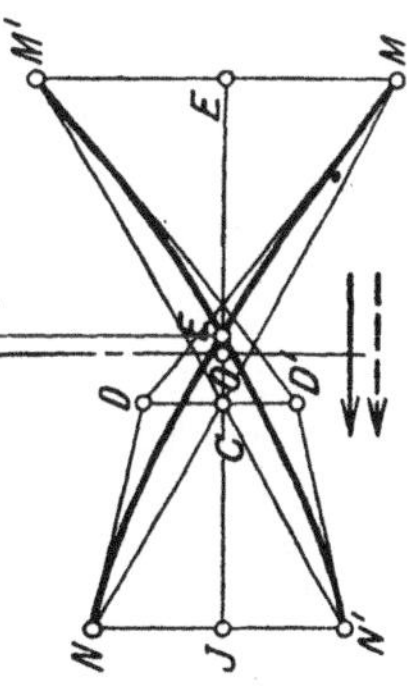

Zur Konstruktion und Feststellung der Lage der Parabel sei folgendes bemerkt: Nach den Ausführungen im Abschnitt B, 2 wird für $c = c_{max}$ bzw. $v = v_{max}$ der Winkel im Kurbelpunkt A ein rechter; der maximalen Kolbengeschwindigkeit entspricht eine Beschleunigung, die für diese Stellung null wird. Nach Abb. 57 schlägt man mit der Schubstangenlänge l von A aus einen Kreisbogen, dessen Schnittpunkt E mit der horizontalen Achse die Lage des Punktes $p = 0$ angibt. Je nachdem die Maschine rechts oder links herumläuft, liegt A auf dem unteren bzw. oberen Kurbelhalbkreise. Das erstere trifft für das gewählte Beispiel in Abb. 43 zu. Die Flächen EFM und EJN müssen nach dem oben Gesagten gleich sein. Der kürzeren Grundlinie EF entspricht daher eine größere Höhe FM, die mit der größeren Beschleunigung p_0 identisch sein muß. Andererseits folgt für die längere Grundlinie EJ die kleinere Ordinate p_{180}.

Regel: Der Punkt E ($p = 0$) und die Beschleunigung p_0 liegen dem Kreuzkopf (Zylinder) näher, oder liegt der Zylinder (bzw: der Kreuzkopf) rechts von der Kurbel, so muß auch die Parabel rechts von dem Mittelpunkt O die Horizontale schneiden und die Beschleunigung $p_0 > p_{180}$ (bzw. Verzögerung $p > p_{180}$) in dem rechts von der Mitte O gelegenen Totpunkt aufgetragen werden.

Zur Konstruktion der Parabel braucht man noch einige weitere Anhaltspunkte. Man muß den Schnittpunkt D der beiden Tangenten DT und DT_1, deren Punkte T und T_1 Berührungspunkte der Parabel sind, berechnen (Abb. 55). Nach Tolle, Regelung der Kraftmaschinen, ist:

$$OC = \lambda \cdot r,$$

wobei zu beachten ist, daß die Größe r die halbe Diagrammlänge bezeichnet, wenn 2r die ganze Länge ist; denn auf der Abszissenachse sind nur Strecken aufgetragen. Es ist daher:

$$OC = \lambda \cdot r = \frac{1}{6} \cdot \frac{37{,}5}{2} = 3{,}125 \text{ mm}.$$

Ferner benötigt man die Ordinate CD:

$$CD = \frac{v^2}{r} \cdot 3\lambda \text{ m/sek}^2 = 155{,}5 \cdot \frac{3}{6} = 77{,}7 \text{ m/sek}^2.$$

Da im Diagramm in vertikaler Richtung Beschleunigungen aufgetragen sind, ist CD auch als Beschleunigungsgröße aufzufassen, und man findet in das gewählte Längenmaß umgewandelt:

$$CD = \frac{77{,}7}{150} = 0{,}52 \text{ cm}.$$

Den Schnittpunkt D der beiden Tangenten TD und T_1D erhält man, wenn man die Strecke OC auf der Horizontalen für den Hingang im Sinne der Drehrichtung, für den Rückgang im entgegengesetzten Richtungssinne von O aus aufträgt und im Punkte C das Lot CD errichtet. Als Kontrolle dienen die Parabelsehnen TT_1, die durch den Punkt C gehen müssen (Abb. 55, bzw. MN und M'N' in Abb. 57). Teilt man nun die Tangenten in eine beliebige gleiche Anzahl Teile und verbindet Teilpunkt 1 mit Teilpunkt 1, 2 mit 2 usw., so sind die Verbindungslinien Tangenten an die Parabel, die diese umhüllen (Abb. 55).

4. Der Beschleunigungsdruck.

Der Beschleunigungsdruck entwickelt sich aus der Beschleunigung nach dem Fundamentalsatz der Mechanik: Kraft = Masse × Beschleunigung. Ist die Beschleunigungskraft B kg, die Masse M kg/m/sek², so ist:

$$B = M \cdot p \text{ kg} \qquad \text{(Gl. 35)}$$

$$= M \cdot \frac{v^2}{r} \cdot \left(\cos a \pm \frac{r}{l} \cos 2\alpha\right) \text{ kg}.$$

Die zu beschleunigenden Massen bestimmen sich aus ihrem Gewicht zu:

$$M = \frac{G}{g} \text{ kg/m/sek}^2. \qquad \text{(Gl. 36)}$$

Bei Kolbenmaschinen kommen als Gewichte der hin- und hergehenden Massen in Frage das Kolbengewicht, das Kolbenstangengewicht und das des Kreuzkopfes. Die Masse der teils hin- und hergehenden, teils umlaufenden Schubstange wird mit nur zwei Dritteln berücksicktigt, da ein Drittel des Gewichtes am Kurbelzapfen hängend angesehen wird. Sind nun die Abmessungen der Maschine nicht bekannt, so kann man die „Erfahrungswerte" von Radinger, die auf 1 qcm der Kolbenfläche bezogen sind, für die Berechnung des Beschleunigungsdruckes benutzen. Dieses spezifische Massengewicht ist:

$$q = \frac{G}{F} \text{ kg/qcm} \qquad \text{(Gl. 37)}$$

und es gilt für liegende Einzylindermaschinen:

q = 0,28 kg/qcm Dampfmaschinen ohne Kondensation,
q = 0,33 kg/qcm Dampfmaschinen mit Kondensation,
q = 0,41 kg/qcm Verbrennungskraftmaschinen;

bei Mehrzylindermaschinen wird q gewöhnlich auf die Fläche des Niederdruckzylinders bezogen. Gl. 36 ändert sich in:

$$M = \frac{q \cdot F}{g} \text{ kg/m/sek}^2. \qquad \text{(Gl. 38)}$$

Nunmehr lassen sich die Maximalwerte der Beschleunigungskraft bestimmen:

$$B_0 = \frac{q \cdot F}{g} \cdot \frac{v^2}{r} \cdot (1 + \lambda) \text{ kg} \qquad \text{(Gl. 39)}$$

$$B_{180} = \frac{q \cdot F}{g} \cdot \frac{v^2}{r} \cdot (1 - \lambda) \text{ kg}$$

und die 4 Höchstwerte ergeben entsprechend der Beschleunigung tabellarisch geordnet folgende Werte:

$B_0 = \frac{q \cdot F}{g} \cdot \frac{v^2}{r} \cdot (1 + \lambda)$	Beschleunigung	Hingang.
$B_{180} = -\frac{q \cdot F}{g} \cdot \frac{v^2}{r} \cdot (1 - \lambda)$	Verzögerung	
$B_{180} = \frac{q \cdot F}{g} \cdot \frac{v^2}{r} \cdot (1 - \lambda)$	Beschleunigung	Rückgang.
$B_0 = -\frac{q \cdot F}{g} \cdot \frac{v^2}{r} \cdot (1 + \lambda)$	Verzögerung	

Genau wie bei der Beschleunigungskurve (Abb. 55) ist auch hier der Schnittpunkt D der beiden Tangenten zur Konstruktion der Kurve des Beschleunigungsdruckes nötig. Daher braucht man die beiden Strecken OC und CD, von denen die erste denselben Wert behält; die Strecke CD jedoch ist im Kräftemaßstab zu zeichnen, daher mit der Masse zu multiplizieren, und es folgt:

$$CD = \frac{q \cdot F}{g} \cdot \frac{v^2}{r} \cdot 3\lambda \text{ kg}.$$

Die weitere Durchführung der Parabelkonstruktion ist genau dieselbe wie bei der Kolbenbeschleunigungskurve.

Für das Zahlenbeispiel errechnen sich folgende Werte:

$$q = 0{,}28 \text{ kg/qcm}, \quad v = 7 \text{ m/sek}, \quad \frac{v^2}{r} = \frac{49}{0{,}315} = 155{,}5,$$

$$M = \frac{q \cdot F}{g} = \frac{0{,}28 \cdot \frac{\pi}{4} \cdot 54^2}{9{,}81} = 65{,}3; \quad \frac{q \cdot F}{g} \cdot \frac{v^2}{r} = 65{,}3 \cdot 155{,}5 = 10150;$$

$$B_0 = 10150 \cdot \frac{7}{6} = 11820 \text{ kg} = \frac{11820}{900} = 13{,}15 \text{ mm},$$

$$B_{180} = 10150 \cdot \frac{5}{6} = 8450 \text{ kg} = \frac{8450}{900} = 9{,}35 \text{ mm},$$

$$CD = 10150 \cdot \frac{3}{6} = 5075 \text{ kg} = \frac{5075}{900} = 5{,}65 \text{ mm}.$$

Der Beschleunigungsdruck in Kilogramm durch den Kräftemaßstab dividiert, ergibt die Größe der Ordinate in Millimetern; die Kurven sind in Abb. 58 in die Überdruckdiagramme eingetragen.

C. Überdruckdiagramme.

1. Das reine Überdruckdiagramm.

Die Indikatordiagramme sind auf Grund der Druckverhältnisse im Zylinder nach Abb. 39 entstanden. Befindet sich der Kolben auf dem Hinweg, und hat er die Strecke x zurückgelegt, so wirkt auf ihn die Hinterdampfspannung p_1, die als

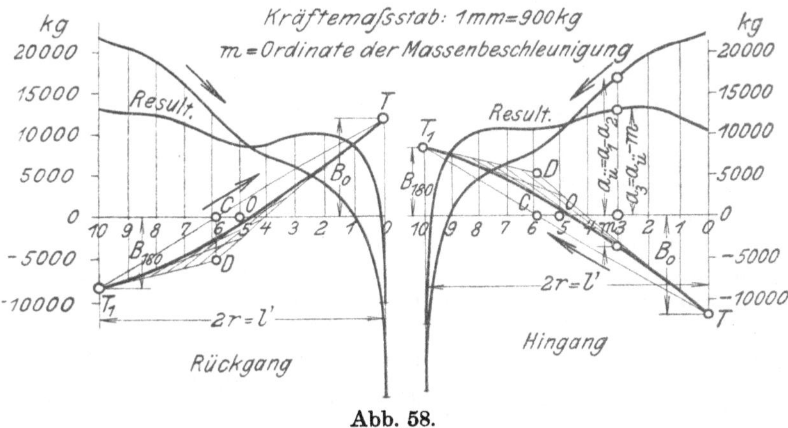

Abb. 58.

größere den Kolben vorwärts treibt, und als Gegendruck die Vorderdampfspannung p_2 der Bewegung entgegen. Aus der Differenz der beiden Spannungen p_1 und p_2 resultiert der Überdruck $p_ü$, der im Gestänge zur Wirkung kommt. Es ist also:

$$p_ü = p_1 - p_2 \text{ kg/qcm}, \qquad \text{(Gl. 40)}$$

entsprechend

$$a_ü = a_1 - a_2 \text{ mm (Abb. 45)}. \qquad \text{(Gl. 41)}$$

Nach Gleichung 17 ergibt sich daraus der Kolbendruck $P_ü$:

$$P_ü = P_1 - P_2 \text{ kg}. \qquad \text{(Gl. 42)}$$

Es ist nun die Differenz aus den Ordinaten a_1 und a_2 (Abb. 45) graphisch zu bestimmen. Dies geschieht (Abb. 58), indem man mittels Stechzirkels die Strecke a_1 auf der Nullinie aufträgt und im Endpunkt von a_1 die Ordinate a_2 entgegengesetzt, also nach unten abträgt. Die so verbleibende Strecke ist die gesuchte Ordinate $a_{ü}$. Wiederholt man das Verfahren für die 11 Ordinaten des Hinganges und entsprechend für den Rückgang, so erhält man die Kurven der Überdruckdiagramme (Abb. 58). Hierbei ist Voraussetzung, daß das Kolbendruck- und das Überdruckdiagramm gleiche Maßstäbe haben. Aus der Überdruck- und der Beschleunigungskurve (Abb. 58) läßt sich eine resultierende Kurve in der gleichen Weise konstruieren, indem man die negativ aufgetragenen Beschleunigungskräfte von der Überdrucklinie abzieht, die positiv eingezeichneten addiert. So entsteht die resultierende Überdruckkurve, deren Kurvenzug sich gegenüber dem reinen Überdruckdiagramm zwar geändert hat; da aber die Flächen der Beschleunigungs- und Verzögerungskräfte wie oben erörtert gleich sind, ist die Fläche unter der resultierenden Überdruckkurve auch gleich geblieben.

2. Das polare Überdruckdiagramm.

Das Ziel der Diagrammentwicklung besteht darin, die Triebkräfte an der Kurbel zu ermitteln. Als Hilfsmittel hierzu dient das polare Überdruckdiagramm, aus welchem man, wie in Abschnitt E noch gezeigt wird, den Tangentialdruck leicht bestimmen kann. Der Kurbelkreis sei durch einen Kreis mit der Diagrammlänge l' als Durchmesser dargestellt. Teilt man nun den horizontalen Durchmesser in 10 gleiche Teile mit den Teilpunkten 0 bis 10, so kann man durch diese mit der Schubstangenlänge l, in dem Beispiele $l = 6\,r = 6 \cdot \frac{37{,}5}{2} = 112{,}5$ mm, die Schubstangenkreisbogen schlagen (Abb. 59). Die Schnittpunkte dieser mit der Peripherie verbindet man mit dem Mittelpunkte O und erhält für Hin- und Rückgang zusammen 20 Radiovektoren. Auf diesen Vektoren werden nun die Ordinaten der resultierenden Überdruckkurve nach Abb. 58 aufgetragen. Dabei ist zu beachten, daß in dem Beispiel für die resultierende Überdruckkurve der Kurbelseite (Hingang) die Nullordinate im rechten Totpunkte liegt und die 10. Ordinate im linken. Das bedingt, daß der Hingang der Fahrtrichtung entsprechend von der Kurbel auf dem unteren Kurbelhalbkreis zurückgelegt wird und der Rückgang auf dem oberen (Abb. 59). Hierüber ist stets von Fall zu Fall an Hand des Maschinenschemas zu entscheiden. Die resultierende Überdruckordinate a_3 ist z. B. auf dem Vektor 3 des unteren Halbkreises (Kurbelwinkel α) vom Mittelpunkt O aus

Kräftemaßstab: 1 mm = 900 kg
l = 6r
2r = l'
Rückgang
Hingang
5000
10000
kg

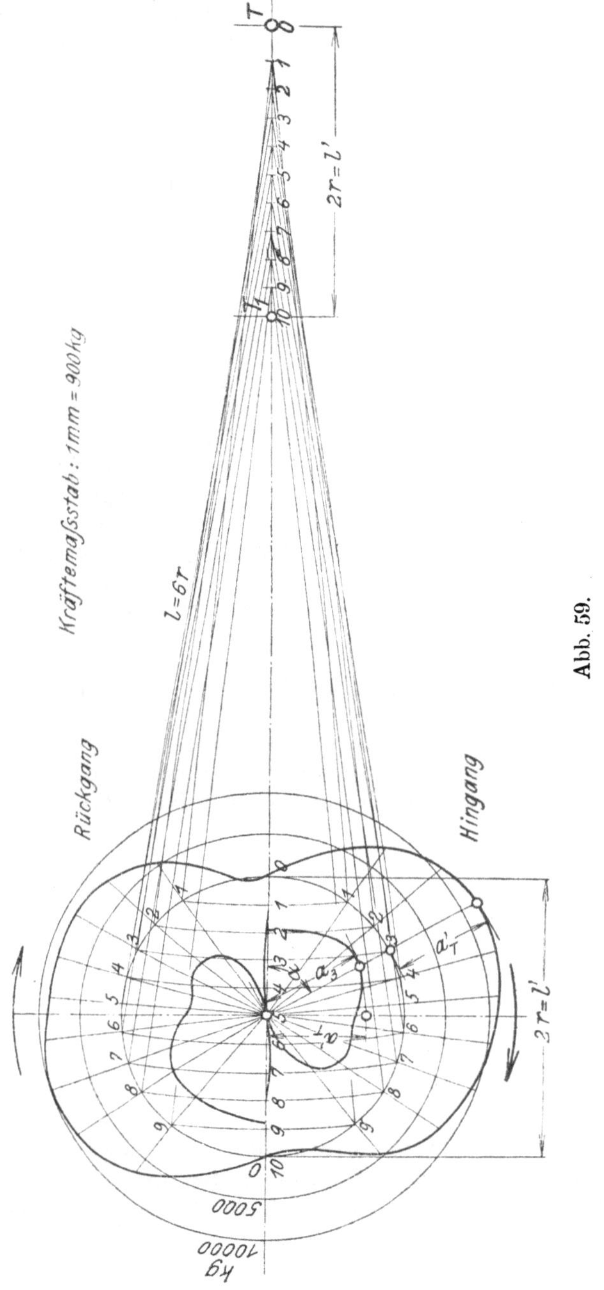

Abb. 59.

auf dem Strahl abgetragen. Negative Ordinaten werden auf der rückwärtigen Verlängerung des Vektors vom Mittelpunkt aus eingezeichnet, nachdem die positiven in Richtung des Vektors, d. h. von O aus in Richtung der Zifferbezeichnung gemäß der Drehrichtung abgetragen sind. Nach Verbindung der einzelnen Überdruckpunkte entstehen 2 Kurven, die polaren Überdruckkurven, die in diesem Falle an einer Stelle durch Null gehen und eine dem Überdruckdiagramm entsprechende negative Fläche haben.

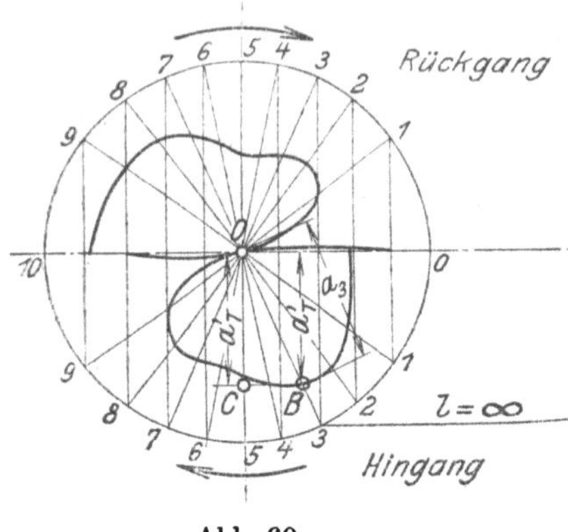

Abb. 60.

Bei unendlicher Schubstangenlänge $l = \infty$ gehen die Schubstangenkreise in senkrechte, gerade Linien über (Abb. 60). Im übrigen ist die Eintragung der Vektoren und der Ordinaten auf ihnen genau dieselbe wie für die endliche Schubstangenlänge.

D. Die Kraftverhältnisse am Kurbeltrieb.

Die Kraftverhältnisse am Kurbeltrieb sollen zunächst rein trigonometrisch untersucht werden und darauf die graphische Methode besonders der Ermittlung der Kurbeldrehkräfte, weil

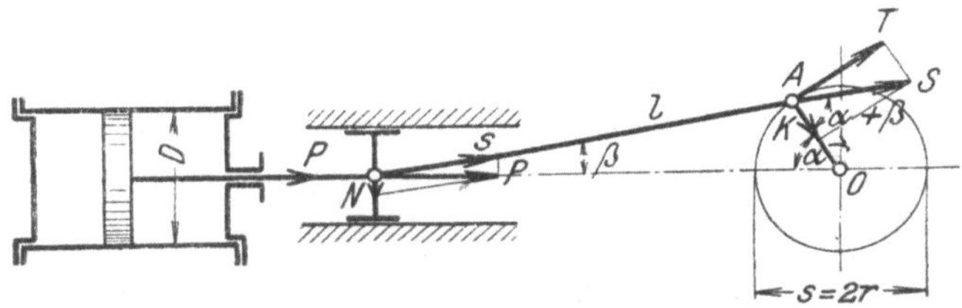

Abb. 61.

aus diesen wieder wichtige Berechnungen, z. B. die Berechnung des notwendigen Schwungradgewichtes, hergeleitet werden. Die in der Kolbenstange wirkende Kraft P, die, wie im Abschnitt C, 1 erläutert, einen Überdruck darstellt, da sie die Resultierende aus dem Kolbendruck P_1 und dem Gegendruck P_2 ist, zerlegt sich im Kreuzkopfzapfen in 2 Komponenten, die in Richtung der Schubstange wirkende Schubstangenkraft (Abb. 61):

$$S = \frac{P}{\cos \beta} \text{ kg} \qquad \text{(Gl. 43)}$$

und die Normalkraft oder den Auflagerdruck auf die Kreuzkopfbahn:

$$N = P \cdot \operatorname{tg} \beta \text{ kg}. \qquad \text{(Gl. 44)}$$

Aufgabe 1 und Abb. 30 zeigen die graphische Lösung.

Für $\alpha = 90^0$ wird $\beta = \beta_{max}$, und es ist $\operatorname{tg} \beta_{max} = \sim \sin \beta_{max} = \frac{r}{l}$,

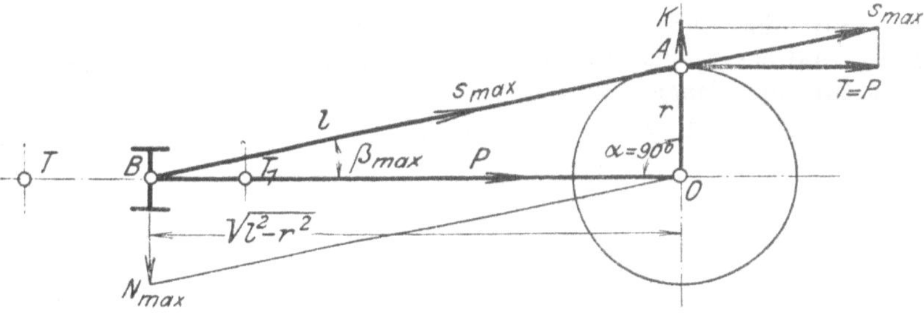

Abb. 62.

da man für kleine Winkel bei genügender Genauigkeit sin und tg vertauschen kann (Abb. 62):

$$N_{max} = P \cdot \operatorname{tg} \beta_{max} = \sim P \cdot \sin \beta_{max} = P \cdot \frac{r}{l} \text{ kg}. \qquad \text{(Gl. 45)}$$

Entsprechend ist für β_{max} nach Abb. 62: $\cos \beta = \frac{P}{S} = \frac{\sqrt{l^2 - r^2}}{l}$

oder $\frac{P^2}{S^2_{max}} = \frac{l^2 - r^2}{l^2} = 1 - \left(\frac{r}{l}\right)^2 = 1 - \lambda^2$ und daraus:

$$S_{max} = \frac{P}{\sqrt{1 - \lambda^2}} \qquad \text{(Gl. 46)}$$

und bei unendlicher Schubstangenlänge $l = \infty$; d. h. $\frac{r}{l} = 0$:

$$S = P \text{ kg}. \qquad \text{(Gl. 47)}$$

Die Schubstangenkraft S wird andererseits vom Kurbelzapfen A aufgenommen und zerlegt sich hier in eine Komponente T, den Tangentialdruck, tangential zum Kurbelkreis und in eine Komponente K, den Kurbeldruck in Richtung des Kurbelradius normal zu T (Abb. 61). Die Tangentialkraft T ist nun die gesuchte Kurbeldrehkraft am Kurbelradius als Hebelarm

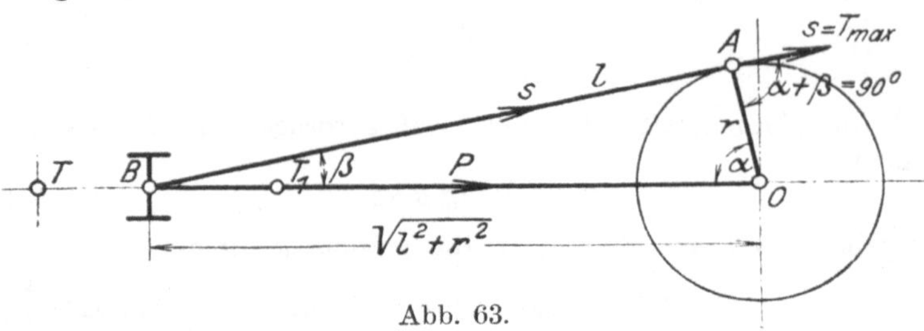

Abb. 63.

wirkend; der Kurbeldruck K belastet jedoch nur das Kurbellager und erzeugt hier schädliche Reibungsarbeit. Die Zerlegung gibt für den Tangentialdruck:

$$\mathrm{T} = \mathrm{S} \cdot \sin(\alpha + \beta)\ \mathrm{kg}$$

$$\mathrm{T} = \frac{\mathrm{P}}{\cos\beta} \cdot \sin(\alpha + \beta)\ \mathrm{kg} \qquad \text{(Gl. 48)}$$

und für den Kurbeldruck:

$$\mathrm{K} = \frac{\mathrm{P}}{\cos\beta} \cdot \cos(\alpha + \beta)\ \mathrm{kg}\ \text{(Abb. 61).} \qquad \text{(Gl. 49)}$$

Für die Kurbelwinkel $\alpha = 0^\circ$ und $\alpha = 180^\circ$ wird $\mathrm{T} = 0$ kg und für $\alpha = 90^\circ$, d. h. $\beta = \beta_{\max}$ wird (Abb. 62) $\mathrm{T} = \mathrm{P}$ kg; denn $\sin(\alpha + \beta)$ geht in die Form $\sin(90 + \beta) = \cos\beta$ über. Für $\alpha + \beta = 90^\circ$, d. h. die Schubstange steht auf dem Kurbelradius senkrecht (s. Konstruktion in Abb. 52) ergibt sich nach Gleichung 48:

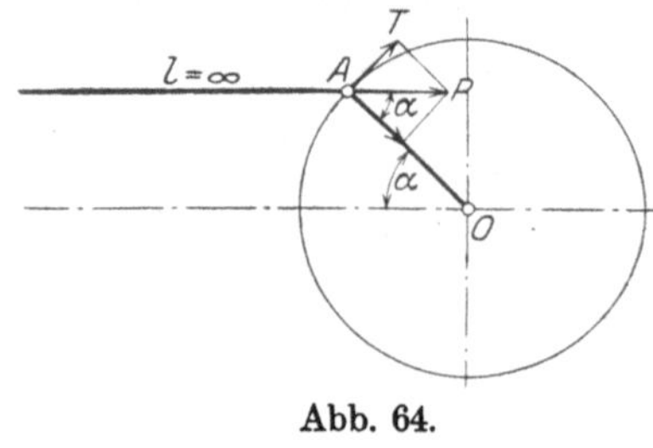

Abb. 64.

$$\mathrm{T}_{\max} = \mathrm{S} = \frac{\mathrm{P}}{\cos\beta}$$

$$\frac{\mathrm{T}_{\max}}{\mathrm{P}} = \frac{1}{\cos\beta} = \frac{1}{\frac{l}{\sqrt{l^2 + \mathrm{r}^2}}} = \frac{\sqrt{l^2 + \mathrm{r}^2}}{l} \quad \text{nach Abb. 63}$$

oder:

$$\frac{\mathrm{T}_{\max}^2}{\mathrm{P}^2} = \frac{l^2 + \mathrm{r}^2}{l^2} = 1 + \left(\frac{\mathrm{r}}{l}\right)^2 = 1 + \lambda^2.$$

Daraus:

$$T_{max} = S = P \cdot \sqrt{1 + \lambda^2} \text{ kg} \qquad \text{(Gl. 50)}$$

und für unendliche Schubstangenlänge nach Abb. 64:

$$T = P \cdot \sin \alpha \text{ kg.} \qquad \text{(Gl. 51)}$$

E. Graphische Bestimmung der Tangentialdrücke.

Ist der Überdruck P kg bekannt, so läßt sich der Tangentialdruck für jede Kolbenstellung leicht und schnell zeichnerisch ermitteln. In Abb. 65 sei OA die Kurbelstellung für den beliebigen Kurbelwinkel α. Wie im vorigen Abschnitt erörtert, zerlegt sich P in S und N im Kreuzkopfzapfen und andererseits S im Kurbelzapfen A in T und K. Trägt man die Ordinate von P auf dem zugehörigen Kurbelstrahl OB auf und zieht durch B eine Parallele zur Schubstangenrichtung, so schneidet diese die Vertikalachse im Punkt C und die Strecke OC ist dann die Ordinate der gesuchten Drehkraft T. In dem Dreieck OBC verhält sich nämlich:

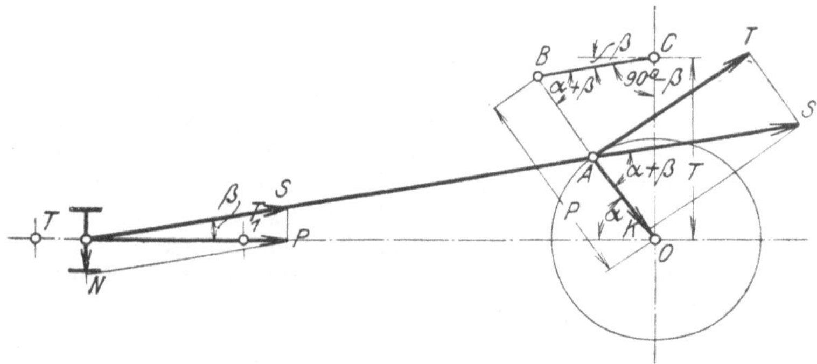

Abb. 65.

$$OB : OC = \sin(90^0 - \beta) : \sin(\alpha + \beta)$$

$$OC = OB \frac{\sin(\alpha + \beta)}{\sin(90^0 - \beta)}$$

$$OB = P, \quad OC = T \quad \text{und} \quad \sin(90 - \beta) = \cos \beta,$$

also:

$$T = P \cdot \frac{\sin(\alpha + \beta)}{\cos \beta} \text{ kg},$$

was der Gl. 48 entspricht. Um die Konstruktion graphisch zu erläutern, sei folgendes Beispiel gewählt (Abb. 66): Die Kurve des polaren Überdruckdiagrammes ist für den Hingang in das Schema eingezeichnet. Für eine beliebige Kurbelstellung A_1 unter dem Winkel α_1 ergibt sich ein positiver Überdruck P', d. h. die Ordinate OB. Zieht man nun zur Schubstangenrichtung A_1C eine Parallele durch B, die die Vertikalachse schneidet, so ist OF der gesuchte Tangentialdruck T'.

Für die Kurbelstellung $A_2 (\alpha_2)$ ergibt sich der Überdruck P'' als negativ, Ordinate OD. Den Tangentialdruck T'' findet man, indem man zur Schubstangenstellung A_2E die Parallele durch D zieht bis zum Punkt G der Vertikalen, dann ist T'' (Ordinate OG) der dem Überdruck P'' entsprechende Tangentialdruck.

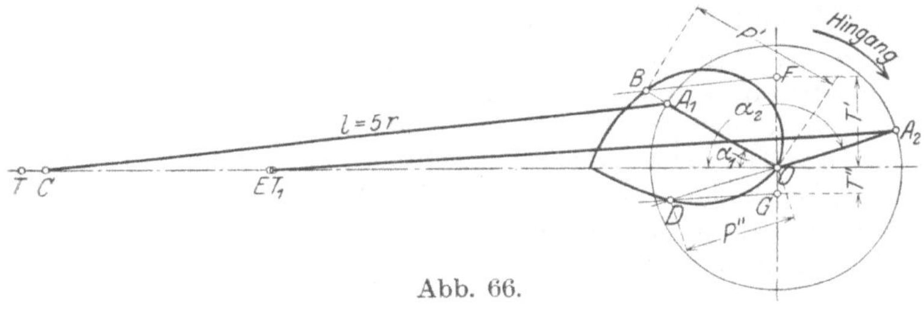

Abb. 66.

In Abb. 59 sind im weiteren Verlauf des Beispiels von Abb. 43 die Überdrücke P bereits auf den Kurbelstrahlen aufgetragen und zu der polaren Überdruckkurve verbunden. Man hat jetzt nur noch durch jeden Kurvenpunkt die Parallele zur Schubstangenrichtung zu ziehen und mit der Vertikalachse zum Schnitt zu bringen. Der Abstand vom Mittelpunkt O bis zu diesem Schnittpunkt ist dann der jeweilige Tangentialdruck T; für die Kurbelwinkel $\alpha = 0^0$ und $\alpha = 180^0$ ergibt sich kein Vertikalabstand, mithin, wie schon früher gezeigt, T = 0.

Bei unendlich langer Schubstangenlänge $l = \infty$ geht die Schubstangenrichtung unter dem Winkel β in eine Parallele zur Horizontalachse über und der Schnittpunkt C liegt dann auch auf einer Horizontalen durch B; praktisch ist es das gleiche, wenn man direkt den vertikalen Abstand von B bis zur Horizontalachse oder OC mißt um T zu erhalten (Abb. 60).

F. Das Tangentialdruckdiagramm und das polare Drehkraftdiagramm.

Trägt man auf dem Kurbelkreis als Nullinie den Tangentialdruck T auf dem zugehörigen Vektor auf und verbindet die Punkte miteinander, so entsteht das polare Tangential-

druckdiagramm. Negative Drücke sind innerhalb des Kurbelkreises aufzutragen (Abb. 59). Wickelt man die Kurbelkreislinie auf einer horizontalen Achse ab und trägt in den 10 Teilpunkten, die auf der Peripherie wie auf der Abwicklung ungleiche Abstände haben, den Tangentialdruck als Ordinate auf und verbindet die so gefundenen Punkte miteinander, so entsteht das **Tangentialdruckdiagramm** (Abb. 67). Im Beispiel hat der gezeichnete Kurbelkreis den Durchmesser $2r = 37{,}5$ mm und die abgewickelte Kreislinie $2r \cdot \pi = 37{,}5 \cdot \pi = 117{,}8$ mm. Für die Überdruckordinate a_3 unter dem Kurbelwinkel α (Abb. 59) ergibt sich die Tangentialdruckordinate a'_T dadurch, daß sie nach Abwicklung des Bogens $r \cdot \alpha$ im Tangentialdruckdiagramm eingetragen wird (Abb. 67). Im Beispiel sind aber zwei gleiche Zylinder vorhanden, die unter 90° Kurbelversetzung auf die Welle arbeiten; diesen entsprechen auch zwei gleiche Tangentialdruckdiagramme, die unter 90° Versetzung konstruiert werden müssen. Da das eine Diagramm bei 0° beginnt, so muß das andere nach Abwicklung eines Viertelkreises oder eines Bogens von 90° anfangen, und da beide Kurbeln auf eine Welle wirken, müssen sich die Drehkräfte beider Diagramme addieren, d. h. ihre Ordinaten a'_T und a''_T müssen addiert werden. Die negativen Ordinaten werden von zugehörigen positiven subtrahiert, während zwei negative auch eine negative Summe ergeben. Verbindet man nun die Ordinatenpunkte miteinander, so erhält man die **resultierende Tangentialdruckkurve** (Abb. 67).

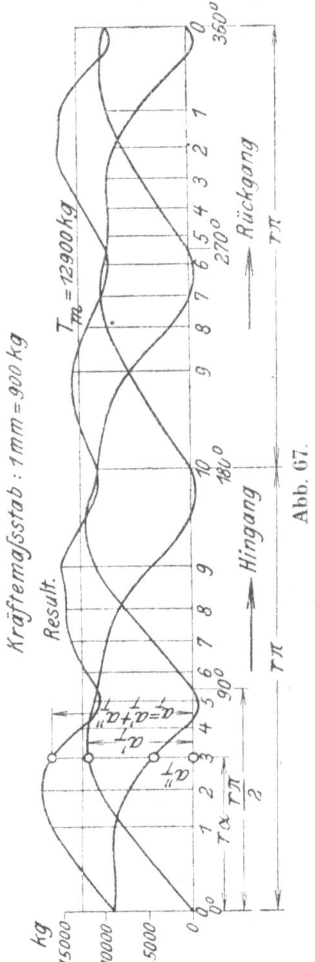

Abb. 67.

G. Bestimmung der mittleren Drücke.

Zur Ermittlung der Maschinenleistung aus den Diagrammen ist die Bestimmung der mittleren Drücke notwendig. In den gegebenen Indikatordiagrammen (Abb. 68) sei die Fläche desselben F qcm. Diese soll in ein flächengleiches Rechteck $h_m \cdot l$ qcm verwandelt werden, das von der absoluten Nullinie aus aufgetragen wird; es besteht also die Gleichung:

$$h_m = \frac{F}{l} \text{ cm}. \qquad \text{(Gl. 52)}$$

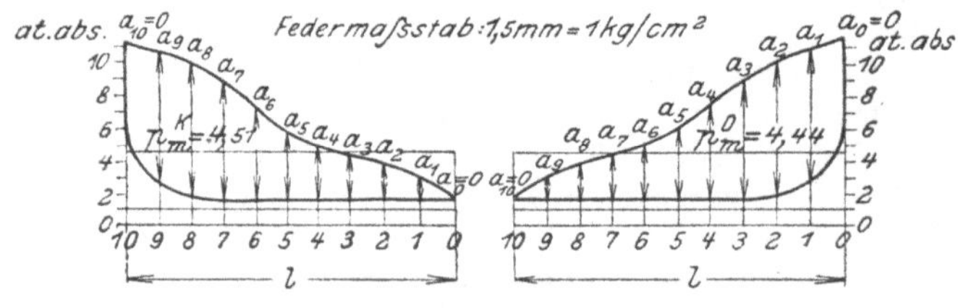

Abb. 68.

Die mittlere indizierte Dampfspannung p_m erhält man aus h_m, indem man h_m durch den Federmaßstab f dividiert:

$$p_m = \frac{h_m}{f} \text{ kg/qcm}; \qquad \text{(Gl. 53)}$$

um h_m zu bestimmen, muß die Größe der Diagrammfläche festgestellt werden, was auf verschiedene Arten geschehen kann.

a) Mit Hilfe der Trapezregel.

Die vorhandenen 11 Ordinaten innerhalb des Kurvenzuges (Abb. 69) seien a_0 bis a_{10}. Bildet man z. B. für die Ordinate a_5 eine Trapezfläche abcd mit der Breite $\frac{l}{10}$ und der mittleren Höhe a_5, so kann man dieses Trapez in ein flächengleiches Rechteck efcd mit einem Flächeninhalt $a_5 \cdot \frac{l}{10}$ verwandeln. Dieses Verfahren läßt sich für die Ordinaten a_1 bis a_9 in derselben Weise durchführen; am Anfang und am Ende jedoch bleiben zwei Trapezflächen von der Breite $\frac{l}{20}$ übrig. Nimmt man dann die mittleren Höhen zu a'_0 und a'_{10} an, so erhält man auch hier zwei Rechtecke von der Fläche $a'_0 \cdot \frac{l}{20}$ und $a'_{10} \cdot \frac{l}{20}$. Durch Addition sämtlicher Flächenstreifen folgt für den Gesamtinhalt der Diagrammfläche:

$$F = \frac{l}{10} \cdot (a_1 + a_2 + a_3 + \cdots + a_9) + \frac{l}{20}(a'_0 + a'_{10}) \text{ qcm}. \quad \text{(Gl. 54)}$$

Andererseits ist nach Gl. 52 $F = h_m \cdot l$ qcm; diesen Wert in Gl. 54 eingesetzt ergibt, da sich l weghebt, die neue Gleichung:

$$h_m = \frac{1}{10} \cdot \left(\frac{a'_0}{2} + a_1 + a_2 + a_3 + \cdots + a_9 + \frac{a'_{10}}{2}\right) \text{ cm}. \quad \text{(Gl. 55)}$$

Diese Gleichungen bedingen nur ein einfaches Abmessen der Ordinaten, um F bzw. direkt h_m zu berechnen.

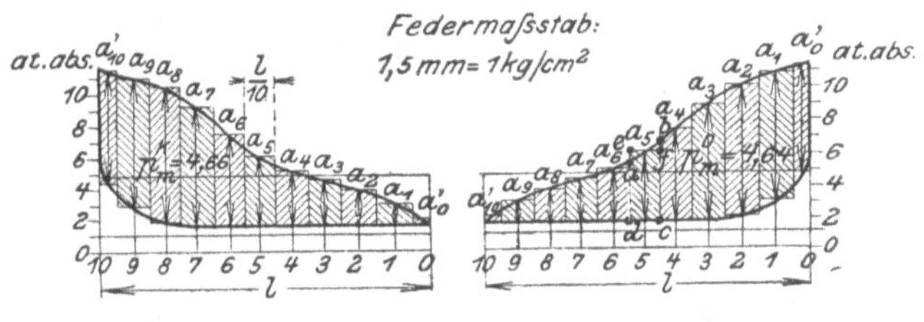

Abb. 69.

b) Mit Hilfe der Simpsonschen Regel.

Das Diagramm ist nach Abb. 68 wieder in $n = 10$ gleiche Flächenstreifen von der Breite $x = \frac{l}{10}$ durch die 11 Ordinaten a_0 bis a_{10} geteilt; die Formel lautet nun, wenn n eine gerade Zahl ist:

$$F = \frac{x}{3} \cdot \left(a_0 + 4a_1 + 2a_2 + 4a_3 + 2a_4 + \cdots + 4a_{n-1} + a_n\right) \text{ qcm}. \quad \text{(Gl. 56)}$$

Setzt man nun $n = 10$ und $x = \frac{l}{10}$, so ist:

$$F = \frac{l}{30} \cdot \left[a_0 + a_{10} + 4(a_1 + a_3 + \cdots + a_9) + 2(a_2 + a_4 + \cdots + a_8)\right] \text{ qcm} \quad \text{(Gl. 57)}$$

und für $F = h_m \cdot l$, ergibt sich als Wert von h_m:

$$h_m = \frac{1}{30} \cdot \left[a_0 + a_{10} + 4(a_1 + a_3 + \cdots + a_9) + 2(a_2 + a_4 + \cdots + a_8)\right] \text{ cm}. \quad \text{(Gl. 58)}$$

Ist n durch 3 teilbar, so ändert sich Gl. 58 in:

$$h_m = \frac{3}{80} \cdot \left(a_0 + 3a_1 + 3a_2 + 2a_3 + 3a_4 + \cdots + 3a_{n-1} + a_n\right) \text{cm.} \quad \text{(Gl. 59)}$$

c) Mit Hilfe von Millimeterpapier.

Um das Diagramm zu quadrieren, zeichnet man es auf Millimeterpapier auf und zählt die einzelnen Quadratzentimeter und darauf die einzelnen Quadratmillimeter direkt aus der

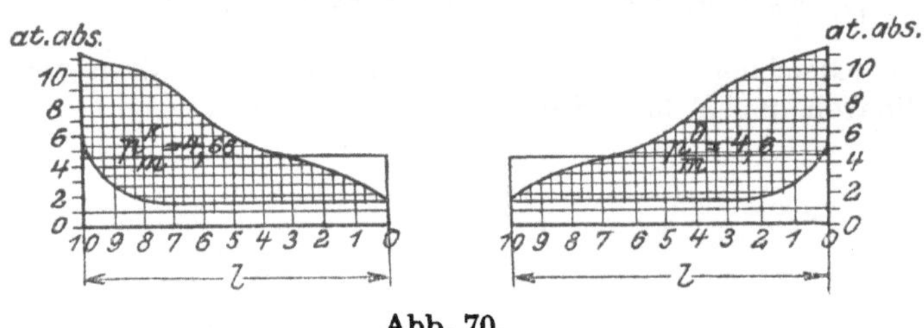

Abb. 70.

Zeichnung ab (Abb. 70). Bei einigermaßen sorgfältiger und feinliniger Aufzeichnung zeitigt dieses Verfahren ziemlich genaue Resultate.

d) Mit Hilfe des Planimeters.

Am einfachsten und schnellsten erledigt sich die Flächenbestimmung mit dem Planimeter. In der Handhabung am praktischsten ist das Polarplanimeter (Abb. 71), dessen Anwendung die folgende ist: Der Fahrarm F besitzt ein Meßrädchen M, das auf der Zeichenfläche aufliegt. Mit dem Fahrarm ist ein Polarm P verbunden, dessen Pol p mit Hilfe einer zur Sicherung seiner Lage mit einem Gewicht beschwerten Nadelspitze auf die Zeichenfläche aufgeheftet wird. Mit dem Fahrstift f umfährt man das Diagramm, wobei sich das Meßrädchen um eine bestimmte Strecke abwälzt. Der Fahrarm läßt sich so einstellen,

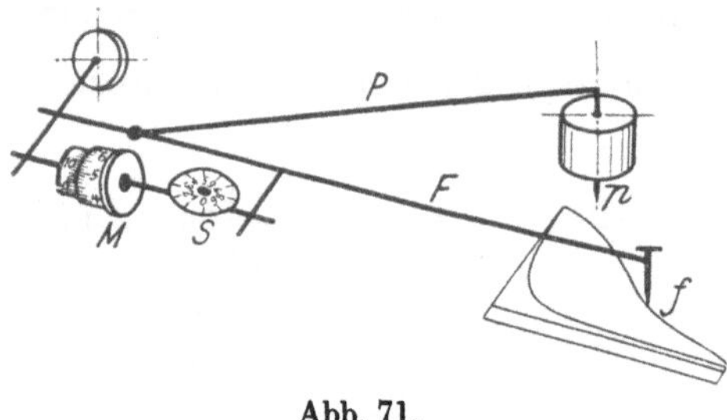

Abb. 71.

daß jeder Teilstrich auf dem Meßrädchen 1 qcm Fläche bedeutet; je 10 Teilstriche ergeben einen Zehner. Das ganze Meßrad hat 10 Zehner = 100 qcm einer vollen Umdrehung des Meßrades entsprechend. Um mehrfache Umdrehungen zu zählen, ist eine Scheibe S durch Schneckenübertragung mit dem Meßrade verbunden, auf dem 10 Hunderter = 1000 qcm eingeteilt sind. Schließlich ist noch ein Nonius neben dem Meßrad zum Ablesen von Zehnteln vorhanden. Man hat vor und nach der Umfahrung nur den Stand von Scheibe, Meßrad und Nonius abzulesen. Die Differenz beider Zahlen ergibt die Diagrammfläche in Quadratzentimetern. Das Ergebnis ist sehr genau, hängt aber von einer sorgfältigen Umfahrung der Diagrammkurve ab.

Zur Kontrolle der Leistung einer Maschine ist T_m aus dem Tangentialdruckdiagramm zu ermitteln; auch hier gilt die Gleichung 52, wobei zu berücksichtigen ist, daß jetzt $l = 2r \cdot \pi = 3{,}75 \cdot \pi = 11{,}78$ cm ist.

Zur Bestimmung der Größe der Diagrammfläche dienen die genannten vier Verfahren. Bei Anwendung der Trapez- und der Simpsonschen Regel muß jedoch darauf geachtet werden, daß die Ordinaten 0 bis 10 im Tangentialdruckdiagramm nicht in gleichen Abständen auftreten, worauf in Abschnitt F aufmerksam gemacht wurde, sondern es müssen dann neue Ordinaten eingezeichnet werden, die gleiche Flächenstreifen bilden.

Nach Ermittlung von h_m läßt sich T_m aus der Gleichung:

$$T_m = h_m \cdot k \text{ kg} \qquad \text{(Gl. 60)}$$

berechnen, worin k den Kräftemaßstab, in dem Beispiel 1 mm = 900 kg bedeutet.

Für das Zahlenbeispiel erhält man folgende Werte:

Indikatordiagramme.

a) Mit Hilfe der Trapezregel nach Gl. 55:

für die Kurbelseite: $$h_m = \frac{1}{10} \cdot \left(\frac{0{,}07}{2} + 0{,}2 + 0{,}33 + 0{,}425 + 0{,}515 + 0{,}65 + 0{,}85 + 1{,}1 + 1{,}25 + 1{,}175 + \frac{1{,}05}{2}\right)$$

$$h_m = \frac{7{,}024}{10} = 0{,}70 \text{ cm},$$

$$p_m^K = \frac{7{,}0}{1{,}5} = 4{,}66 \text{ kg/qcm},$$

für die Deckelseite: $h_m = \frac{1}{10} \cdot \left(\frac{1,025}{2} + 1,175 + 1,2 + 1,075 + \right.$

$\left. + 0,85 + 0,65 + 0,5 + 0,42 + 0,325 + 0,21 + \frac{0,075}{2}\right)$

$$h_m = \frac{6,956}{10} = 0,696 \text{ cm},$$

$$p_m^D = \frac{6,96}{1,5} = 4,64 \text{ kg/qcm}.$$

b) Mit Hilfe der Simpsonschen Regel nach Gl. 58:

für die Kurbelseite: $h_m = \frac{1}{30} \cdot [0 + 0 + 4 \cdot (0,2 + 0,425 +$

$+ 0,65 + 1,125 + 1,2) + 2 \cdot (0,34 + 0,52 + 0,85 + 1,25)]$

$$= \frac{1}{30} \cdot (4 \cdot 3,6 + 2 \cdot 2,96) = 0,676 \text{ cm},$$

$$p_m^K = \frac{6,76}{1,5} = 4,51 \text{ kg/qcm},$$

für die Deckelseite: $h_m = \frac{1}{30} \cdot [0 + 0 + 4 \cdot (1,2 + 1,075 +$

$+ 0,65 + 0,42 + 0,2) + 2 \cdot (1,21 + 0,87 + 0,5 + 0,325)]$

$$= \frac{1}{30} \cdot (4 \cdot 3,545 + 2 \cdot 2,905) = 0,667 \text{ cm},$$

$$p_m^D = \frac{6,67}{1,5} = 4,44 \text{ kg/qcm}.$$

c) Mit Hilfe von Millimeterpapier nach Abb. 70:

für die Kurbelseite: $F = 2,1$ qcm, $\quad h_m = \frac{2,1}{3} = 0,7$ cm,

$l = 3$ cm, $\quad p_m^K = \frac{7,0}{1,5} = 4,66$ kg/qcm,

für die Deckelseite: $F = 2,07$ qcm, $\quad h_m = \frac{2,07}{3} = 0,69$ cm,

$l = 3$ cm, $\quad p_m^D = \frac{6,9}{1,5} = 4,6$ kg/qcm.

d) Mit Hilfe des Planimeters:
für die Kurbelseite:

$$F_K = 2{,}05 \text{ qcm}, \qquad F_D = 2{,}05 \text{ qcm},$$

$$h_m = \frac{2{,}05}{3} = 0{,}684 \text{ cm}, \qquad h_m = \frac{2{,}05}{3} = 0{,}684 \text{ cm},$$

$$p_m^K = \frac{6{,}84}{1{,}5} = 4{,}56 \text{ kg/qcm}, \qquad p_m^D = \frac{6{,}84}{1{,}5} = 4{,}56 \text{ kg/qcm}.$$

Tangentialdruckdiagramm.

$$F = 16{,}9 \text{ qcm},$$

$$h_m = \frac{16{,}9}{3{,}75\,\pi} = 1{,}435 \text{ cm},$$

$$T_m = 14{,}35 \cdot 900 = 12\,900 \text{ kg},$$

wobei h_m in Millimetern einzusetzen ist, da der Kräftemaßstab 1 mm = 900 kg gewählt wurde.

H. Berechnung der Maschinenleistung.

Der Begriff der Leistung entwickelt sich aus dem Begriff der Arbeit und diese wiederum nach dem Grundgesetz der Mechanik:

$$\text{Arbeit} = \text{Kraft} \times \text{Weg mkg}.$$

$$A = P \cdot s \text{ mkg}. \qquad \text{(Gl. 61)}$$

Hierin ist der Weg s in Metern einzuführen, da nach dem technischen Maßsystem die Einheit der Länge das Meter ist. Denkt man sich die Kraft P auf der Ordinatenachse und den Weg s auf der Abszissenachse aufgetragen (Abb. 72), so ist das Produkt P · s gleich der Diagrammfläche (Rechteck). Daraus folgt, daß die Diagrammfläche eine Arbeit darstellt und andererseits, daß eine Vergrößerung der Diagrammfläche ein Anwachsen der Arbeit hervorruft und umgekehrt.

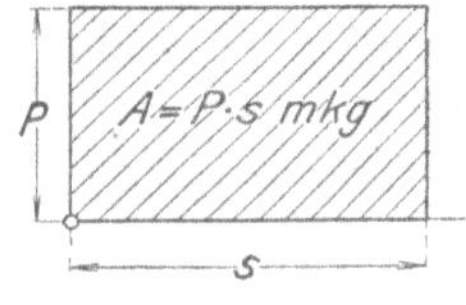

Abb. 72.

Die Arbeit kann nun in beliebiger Zeit verrichtet werden. In der Technik kommt es aber darauf an, eine Arbeitsleistung in bestimmter Zeit auszuführen; man wählte daher als Zeiteinheit die Sekunde. Unter einer Leistung versteht man infolgedessen die in einer Sekunde geleistete Arbeit und schreibt:

$$N = \frac{\text{Arbeit}}{\text{Zeit}} = \frac{\text{Kraft} \times \text{Weg}}{\text{Zeit}} \text{ mkg/sek}. \qquad \text{(Gl. 62)}$$

Die im Zylinder verrichtete Arbeit des Dampfes bei Dampfmaschinen oder des Gases bei Verbrennungskraftmaschinen, die durch das Indikatordiagramm veranschaulicht wird, wird deshalb als „indizierte Leistung“ N_i bezeichnet. In der Praxis hat sich nun herausgestellt, daß 1 mkg/sek eine zu kleine Einheit darstellt, und man wählte eine neue, die „Pferdestärke“ = 75 mkg/sek, woraus sich für die indizierte Leistung folgende Gleichung ergibt:

$$N_i = \frac{\text{Kraft} \times \text{Weg}}{\text{Zeit} \times 75} \text{ PS} \qquad \text{(Gl. 63)}$$

oder da der Weg in der Zeiteinheit gleich der Geschwindigkeit ist:

$$N_i = \frac{\text{Kraft} \times \text{Geschwindigkeit}}{75} \text{ PS.} \qquad \text{(Gl. 64)}$$

Aus den Indikatordiagrammen hat sich die Kraft über den Weg s als die mittlere indizierte Spannung p_m kg/qcm ergeben. Nach Gl. 16 berechnet sich die mittlere Kraft auf die ganze Kolbenfläche zu:

$$P_m = F_w \cdot p_m \text{ kg}$$

und die mittlere Geschwindigkeit des Kolbens:

$$c_m = \frac{2 \cdot s \cdot n}{60} \text{ m/sek.}$$

Beide Werte in die Gleichung eingesetzt, ergibt die Endformel:

$$N_i = \frac{F_w \cdot p_m \cdot 2 \cdot s \cdot n}{75 \cdot 60} \text{ PS.} \qquad \text{(Gl. 65)}$$

Die Dampfmaschine ist doppeltwirkend, d. h. auf jeder der beiden Kolbenseiten wird Arbeit geleistet, und so folgt die indizierte Leistung:

$$\text{für die Kurbelseite} \quad N_i^K = \frac{F_w^K \cdot p_m^D \cdot s \cdot n}{75 \cdot 60} \text{ PS.} \qquad \text{(Gl. 66)}$$

$$\text{„ „ Deckelseite} \quad N_i^D = \frac{F_w^D \cdot p_m^D \cdot s \cdot n}{75 \cdot 60} \text{ PS.} \qquad \text{(Gl. 67)}$$

und damit die Gesamtleistung der Maschine:

$$N_i = \frac{(F_w^K \cdot p_m^K + F_w^D \cdot p_m^D) \cdot s \cdot n}{75 \cdot 60} \text{ PS.} \qquad \text{(Gl. 68)}$$

Vergleicht man hiermit die Leistung aus dem Tangentialdruckdiagramm, so muß diese, da die Diagrammentwicklung eine rein theoretische war, und die Reibungsarbeit (Verlust) nicht berücksichtigt wurde, zahlenmäßig denselben Wert aufweisen wie die indizierte Leistung nach Gl. 68. Die Gl. 65 ändert ihre Form in:

$$N_i = \frac{T_m \cdot 2 \cdot \pi \cdot r \cdot n}{75 \cdot 60} \text{ PS,} \qquad \text{(Gl. 69)}$$

da die Kraft an der Kurbel die mittlere Drehkraft T_m und die Kurbelzapfengeschwindigkeit $v = \frac{2 \cdot \pi \cdot r \cdot n}{60}$ m/sek ist. Setzt man nach dem eben Gesagten die Indikatorleistung gleich der aus dem Tangentialdruckdiagramm, so erhält man:

$$\frac{P_m \cdot c_m}{75} = \frac{T_m \cdot v}{75}$$

oder

$$\frac{P_m \cdot 2 \cdot s \cdot n}{75 \cdot 60} = \frac{T_m \cdot 2 \cdot \pi \cdot r \cdot n}{75 \cdot 60}$$

und daraus

$$\frac{P_m}{T_m} = \frac{\pi}{2}. \qquad \text{(Gl. 70)}$$

In der Praxis verlangt das Erreichen völliger Übereinstimmung beider Leistungswerte peinlich genaue Zeichenarbeit unter Anwendung empfindlicher Maßstäbe bei den Übertragungen und Verwandlungen. Sonst ergeben sich leicht Unterschiede von 3—5%, die aber im allgemeinen noch als ausreichend bezeichnet werden können.

Bei Einsetzung der Zahlenwerte des Beispiels ergeben sich folgende Werte:

Die indizierte Leistung eines Zylinders ist nach Gl. 68:

$$N_i = \frac{(2266{,}46 \cdot 4.56 + 2226{,}6 \cdot 4{,}56) \cdot 0{,}63 \cdot 212}{60 \cdot 75}$$

$$= 608 \text{ PS,}$$

worin $p_m = 4{,}56$ kg/qcm aus Abschnitt G, d eingesetzt ist und n sich errechnet aus:

$$n = \frac{60 \cdot v}{2 \cdot r \cdot \pi} = \frac{60 \cdot 7}{0{,}63 \cdot \pi} = 212 \text{ Umdr./min.}$$

Für 2 Zylinder ist dann:

$$N_{i_{ges}} = 2 \cdot 608 = 1216 \text{ PS.}$$

Berechnet man zum Vergleich die Leistung aus dem Tangentialdruckdiagramm, so findet man:

$$N_i = \frac{T_m \cdot v}{75} = \frac{12900 \cdot 7}{75} = 1204 \text{ PS.}$$

Der Unterschied zwischen den Leistungen beträgt ca. 1 %, der sich mit zeichnerischen Ungenauigkeiten erklären läßt, da jede noch so feine Linie doch stets eine endliche Stärke hat. Die erreichte Genauigkeit der Diagramme ist praktisch als vollständig ausreichend zu erachten.

J. Zahlenbeispiel.

Aufgabe 1. Für eine Kondensationsdampfmaschine in Verbundanordnung (Tafel II, 7) ist das Tangentialdruckdiagramm zu entwickeln und die Maschinenleistung zu berechnen. Die Abmessungen der Maschine sind folgende:

Durchmesser des Hochdruckzylinders . 175 mm,
„ „ Niederdruckzylinders . 320 mm,
Gemeinsamer Hub . . . . 320 mm,
Umdrehungszahl . . . . 135 Umdr. i. d. Min.
Schubstangenverhältnis . . . . . $\frac{r}{l} = \lambda = \frac{1}{5}$.

Die beiden Kurbeln sind unter 180° versetzt.

Die gegebenen Diagramme haben eine Länge $l = 38$ mm und einen Federmaßstab f = 2,5 mm = 1 kg/qcm für den Hochdruckzylinder und f = 7,5 mm = 1 kg/qcm für den Niederdruckzylinder (Tafel II, 1). Sie sollen auf eine neue Länge $l' = 45$ mm und auf absolute Kolbendrücke in dem Kräftemaßstab k = 1 mm = 75 kg reduziert werden (Tafel II, 2). Der Reduktionsfaktor für den Hochdruckzylinder ist:

$$\text{auf der Deckelseite: } R_D = \frac{\frac{\pi D_H^2}{4}}{f \cdot k} = \frac{\frac{\pi}{4} \cdot 17{,}5^2}{2{,}5 \cdot 75} = 1{,}28,$$

$$\text{„ „ Kurbelseite: } R_K = \frac{\frac{\pi D_H^2}{4} - \frac{\pi}{4} \cdot d_1^2}{f \cdot k} = \frac{\frac{\pi}{4} \cdot 17{,}5^2 - \frac{\pi}{4} \cdot 4^2}{2{,}5 \cdot 75} = $$
$$= 1{,}22,$$

und für den Niederdruckzylinder:

$$\text{auf der Deckelseite: } R_D = \frac{\frac{\pi}{4} D_N^2}{f \cdot k} = \frac{\frac{\pi}{4} \cdot 32^2}{7{,}5 \cdot 75} = 1{,}43,$$

$$\text{„ „ Kurbelseite: } R_K = \frac{\frac{\pi}{4} \cdot D_N^2 - \frac{\pi}{4} d_2^2}{f \cdot k} = \frac{\frac{\pi}{4} \cdot (32^2 - 5^2)}{7{,}5 \cdot 75} = 1{,}4$$

Die Kolbengeschwindigkeit bestimmt sich zu:

$$c = \frac{v}{r} \cdot y = \frac{2{,}26}{0{,}16} \cdot y = 14{,}1 \cdot y \text{ m/sek}$$

für die Kurbelzapfengeschwindigkeit $v = \frac{2 \cdot \pi \cdot r \cdot n}{60} = \frac{0{,}32\pi \cdot 135}{60}$ $= 2{,}26$ m/sek und $r = \frac{s}{2} = 0{,}16$ m. Die Geschwindigkeitskurve (Tafel II, 6) ist nun so entwickelt, daß die Strecke y für jede Kolbenstellung mit 14,1 multipliziert, die Ordinate der Kolbengeschwindigkeit ergibt.

Die Überdruckkurven aus den Kolbendruckdiagrammen sind auf Tafel II, 3 für Hin- und Rückgang jedes Zylinders verzeichnet. Bei Berücksichtigung der Massenbeschleunigung ist zu beachten, daß für Kondensationsdampfmaschinen das spezifische Massengewicht $q = 0{,}33$ kg/qcm Kolbenfläche anzunehmen und auf die Fläche des Niederdruckzylinders zu beziehen ist. Für die Berechnung der Beschleunigungsdruckkurve sind zunächst die folgenden 4 Größen zu bestimmen:

$$B_0 = \frac{q \cdot F_N}{g} \cdot \frac{v^2}{r} \cdot (1 + \lambda) \text{ kg},$$

$$B_{180} = \frac{q \cdot F_N}{g} \cdot \frac{v^2}{r} \cdot (1 - \lambda) \text{ kg}, \quad OC = \lambda \cdot r \text{ mm},$$

$$CD = \frac{q \cdot F_N}{g} \cdot \frac{v^2}{r} \cdot 3\lambda \text{ kg};$$

hierin ist:

$$q = 0{,}33 \text{ kg/qcm}, \qquad v^2 = 2{,}26^2 = 5{,}1,$$

$$F_N = \frac{\pi}{4} \cdot 32^2 = 804{,}2 \text{ qcm}, \qquad r = \frac{s}{2} = 0{,}16 \text{ m},$$

$$g = 9{,}81 \text{ m/sek}^2, \qquad \lambda = \frac{r}{l} = \frac{1}{5}$$

und es rechnet sich der konstante Faktor in den Gleichungen für B und CD zu:

$$\frac{q \cdot F_N}{g} \cdot \frac{v^2}{r} = \frac{0{,}33 \cdot 804{,}2 \cdot 5{,}1}{9{,}81 \cdot 0{,}16} = 862$$

und daraus weiter:

$$B_0 = 862 \cdot \frac{6}{5} = 1034{,}4 \text{ kg} = \frac{1034{,}4}{75} = 13{,}8 \text{ mm},$$

$$B_{180} = 862 \cdot \frac{4}{5} = 689{,}6 \text{ kg} = \frac{689{,}6}{75} = 9{,}2 \text{ mm},$$

$$CD = 862 \cdot \frac{3}{5} = 517{,}2 \text{ kg} = \frac{517{,}2}{75} = 6{,}9 \text{ mm},$$

$$OC = \frac{1}{5} \cdot \frac{45}{2} = 4{,}5 \text{ mm}.$$

Tabellarisch angeordnet erhält man die 4 Höchstwerte:

$$\left.\begin{array}{ll} B_0 = & 1034{,}4 \text{ kg Beschleunigung} \\ B_{180} = - & 689{,}6 \text{ kg Verzögerung} \end{array}\right\} \text{Hingang}$$

$$\left.\begin{array}{ll} B_{180} = & 689{,}6 \text{ kg Beschleunigung} \\ B_0 = - & 1034{,}4 \text{ kg Verzögerung} \end{array}\right\} \text{Rückgang}$$

In das Überdruckdiagramm des **Niederdruckzylinders** sind nun die beiden Beschleunigungsparabeln nach den in Abschnitt B, 3 gegebenen Richtlinien eingezeichnet und mit der Überdrucklinie zu der resultierenden Überdruckkurve vereinigt (Tafel II, 3). Aus diesen sind die polaren Überdruckdiagramme entwickelt, die Tafel II, 4 wiedergibt. Gleichzeitig sind die Tangentialdrücke auf dem Kurbelkreis polar aufgetragen.

Das Tangentialdruckdiagramm (Tafel II, 5) zeigt entsprechend den beiden Zylindern auch 2 Kurven, von denen das Diagramm des Niederdruckzylinders um 180° versetzt ist. Aus beiden Kurven ist durch Addition das resultierende Tangentialdruckdiagramm gebildet worden.

Die Bestimmung der mittleren Drücke durch Planimetrieren der Indikatordiagramme gibt folgende Werte:

Für den Hochdruckzylinder:	Für den Niederdruckzylinder:
Deckelseite:	
$F_D = 3{,}12$ qcm,	$F_D = 3{,}65$ qcm,
Kurbelseite:	
$F_K = 3{,}20$ qcm,	$F_K = 3{,}37$ qcm,
$h_m^D = \frac{3{,}12}{3{,}8} = 0{,}822$ cm,	$h_m^D = \frac{3{,}65}{3{,}8} = 0{,}961$ cm,
$h_m^K = \frac{3{,}2}{3{,}8} = 0{,}843$ cm,	$h_m^K = \frac{3{,}37}{3{,}8} = 0{,}887$ cm,

$$p_m^D = \frac{8,22}{2,5} = 3,29 \text{ kg/qcm}, \qquad p_m^D = \frac{9,61}{7,5} = 1,28 \text{ kg/qcm},$$

$$p_m^K = \frac{8,43}{2,5} = 3,37 \text{ kg/qcm}, \qquad p_m^K = \frac{8,87}{7,5} = 1,182 \text{ kg/qcm}.$$

Daraus errechnet sich die indizierte Leistung:

für den Hochdruckzylinder:

$$N_i^H = \frac{\left[\frac{\pi}{4}\,17,5^2 \cdot 3,29 + \left(\frac{\pi}{4}\,17,5^2 - \frac{\pi}{4} \cdot 4^2\right) \cdot 3,37\right] 0,32 \cdot 135}{75 \cdot 60}$$

$$= 14,95 \text{ PS},$$

für den Niederdruckzylinder:

$$N_i^N = \frac{\left[\frac{\pi}{4} \cdot 32^2 \cdot 1,28 + \left(\frac{\pi}{4} \cdot 32^2 - \frac{\pi}{4}\,5^2\right) \cdot 1,182\right] 0,32 \cdot 135}{75 \cdot 60}$$

$$= 18,8 \text{ PS}$$

und die Gesamtleistung:

$$N_i^{ges} = N_i^H + N_i^N = 14,95 + 18,8 = 33,75 \text{ PS}.$$

Die Fläche des resultierenden Tangentialdruckdiagrammes ist nach Ausplanimetrierung 21,9 qcm groß; demgemäß bestimmen sich:

$$h_m = \frac{21,9}{4,5\,\pi} = \frac{21,9}{14,14} = 1,548 \text{ cm},$$

$$T_m = h_m \cdot k = 15,48 \cdot 75 = 1160 \text{ kg},$$

$$N_i = \frac{T^m \cdot v}{75} = \frac{1160 \cdot 2,26}{75} = 35,0 \text{ PS}.$$

Vergleicht man beide Leistungen miteinander, so ergibt sich ein Fehler von etwa 3,5%, was noch als zulässig anzusehen ist.

Die Entwicklung des Tangentialdruckdiagrammes hat die Schwungradberechnung zum Hauptzweck. Die Triebkraft am Kurbelzapfen wirkt gegen die Widerstandskraft am Schwungradumfang, die als konstanter Riemen- oder Seilzug auftritt. Für den Beharrungszustand muß die Widerstandsarbeit gleich der Arbeit der Triebkräfte sein. Graphisch entspricht das Rechteck abcd aus Abszissenachse und mittlerem Tangentialdruck der konstanten Widerstandsarbeit, während das resultierende Tangentialdruckdiagramm die Arbeit der Triebkräfte darstellt (Tafel II, 5).

An 2 Stellen efg und e'f'g' schießen die Triebkräfte über den Widerstand T_m hinaus, die Maschine wird also schneller laufen. In den 3 Flächen abe, hge'i und g'cdk ist der Widerstand größer als die Drehkraft, der Gang der Maschine muß langsamer werden. In den beiden negativen Flächen hil und kdm ist überhaupt keine Triebkraft vorhanden, das Schwungrad muß die Maschine schleppen. Daraus ist ersichtlich, daß Maschinen mit Kurbeltrieb veränderlichen Gang haben, falls keine Regulierung vorgesehen ist. Diese veränderlichen Triebkräfte auszugleichen ist die Aufgabe des Schwungrades. Die überschießenden Flächen stellen den Arbeitsüberschuß über die Widerstandsarbeit dar, der zur Beschleunigung der Maschine notwendig ist. Er dient zum Aufladen des Schwungrades und ist gleich der Zunahme der lebendigen Kraft der rotierenden Schwungradmassen. Aus dieser Grundgleichung leitet sich die Schwungradberechnung ab.

Additional information of this book

(Organisation der Plankostenrechnung; 978-3-663-12577-8;

978-3-663-12577-8_OSFO1) is provided:

http://Extras.Springer.com

Additional information of this book

(Organisation der Plankostenrechnung; 978-3-663-12577-8;

978-3-663-12577-8_OSFO3) is provided:

http://Extras.Springer.com